全国高等教育自学考试指定教材

数据库及其应用

（2023 年版）

（含：数据库及其应用自学考试大纲）

全国高等教育自学考试指导委员会　组编

张迎新　编著

机 械 工 业 出 版 社

本书是根据全国高等教育自学考试指导委员会制定的《数据库及其应用自学考试大纲》，为参加高等教育自学考试的考生编写的教材。深入浅出地阐述数据库系统的基本概念、基本理论和操作技术。本书共有 8 章，第一～三章阐述数据库的基本概念、基本理论和基本方法，包括数据库系统概论、关系模型、数据库设计；第四、五章以 MySQL 为实验平台，介绍 SQL 和数据库编程技术；第六～八章介绍数据库管理技术，包括事务与事务处理、备份与恢复、安全性管理。

本书的目的是使考生掌握数据库系统的基本概念、基本理论和基本操作技术，为今后从事数据库管理和数据库应用系统的开发工作奠定理论基础与掌握实际操作的技能。本书适合作为高等教育自学考试的教材，也可以作为高等学校计算机、信息等专业本科、专科学生的教科书。

本书配有电子课件、习题解答、源代码等教辅资源，需要的老师可登录 www.cmpedu.com 免费注册，审核通过后下载，或扫描关注机械工业出版社计算机分社官方微信订阅号——身边的信息学，回复 73847 即可获取本书配套资源链接。

图书在版编目（CIP）数据

数据库及其应用：2023 年版/全国高等教育自学考试指导委员会组编；张迎新编著 . —北京：机械工业出版社，2023.10（2024.7 重印）

全国高等教育自学考试指定教材

ISBN 978-7-111-73847-3

Ⅰ . ①数…　Ⅱ . ①全…　②张…　Ⅲ . ①数据库系统-高等教育-自学考试-教材　Ⅳ . ①TP311.13

中国国家版本馆 CIP 数据核字（2023）第 173505 号

机械工业出版社（北京市百万庄大街 22 号　邮政编码 100037）
策划编辑：王　斌　　　　　　责任编辑：王　斌　马　超
责任校对：宋　安　李　杉　　责任印制：任维东
河北鹏盛贤印刷有限公司印刷
2024 年 7 月第 1 版第 2 次印刷
184mm×260mm · 14.25 印张 · 345 千字
标准书号：ISBN 978-7-111-73847-3
定价：55.00 元

电话服务　　　　　　　　　网络服务
客服电话：010-88361066　　机　工　官　网：www.cmpbook.com
　　　　　010-88379833　　机　工　官　博：weibo.com/cmp1952
　　　　　010-68326294　　金　书　网：www.golden-book.com
封底无防伪标均为盗版　　　机工教育服务网：www.cmpedu.com

组 编 前 言

21世纪是一个变幻难测的世纪，是一个催人奋进的时代。科学技术飞速发展，知识更替日新月异。希望、困惑、机遇、挑战，随时随地都有可能出现在每一个社会成员的生活之中。抓住机遇，寻求发展，迎接挑战，适应变化的制胜法宝就是学习——依靠自己学习、终生学习。

作为我国高等教育组成部分的自学考试，其职责就是在高等教育这个水平上倡导自学、鼓励自学、帮助自学、推动自学，为每一个自学者铺就成才之路。组织编写供读者学习的教材就是履行这个职责的重要环节。毫无疑问，这种教材应当适合自学，应当有利于学习者掌握和了解新知识、新信息，有利于学习者增强创新意识，培养实践能力，形成自学能力，也有利于学习者学以致用，解决实际工作中所遇到的问题。具有如此特点的书，我们虽然沿用了"教材"这个概念，但它与那种仅供教师讲、学生听，教师不讲、学生不懂，以"教"为中心的教科书相比，已经在内容安排、编写体例、行文风格等方面都大不相同了。希望读者对此有所了解，以便从一开始就树立起依靠自己学习的坚定信念，不断探索适合自己的学习方法，充分利用自己已有的知识基础和实际工作经验，最大限度地发挥自己的潜能，达到学习的目标。

欢迎读者提出意见和建议。

祝每一位读者自学成功。

全国高等教育自学考试指导委员会
2022 年 8 月

目　录

全国高等教育自学考试

数据库及其应用
自学考试大纲

全国高等教育自学考试指导委员会　制定

大 纲 前 言

为了适应社会主义现代化建设事业的需要，鼓励自学成才，我国在 20 世纪 80 年代初建立了高等教育自学考试制度。高等教育自学考试是个人自学、社会助学和国家考试相结合的一种高等教育形式。应考者通过规定的专业课程考试并经思想品德鉴定达到毕业要求的，可获得毕业证书；国家承认学历并按照规定享有与普通高等学校毕业生同等的有关待遇。经过 40 多年的发展，高等教育自学考试为国家培养造就了大批专门人才。

课程自学考试大纲是规范自学者学习范围、要求和考试标准的文件。它是按照专业考试计划的要求，具体指导个人自学、社会助学、国家考试及编写教材的依据。

为更新教育观念，深化教学内容方式、考试制度、质量评价制度改革，更好地提高自学考试人才培养的质量，全国考委各专业委员会按照专业考试计划的要求，组织编写了课程自学考试大纲。

新编写的大纲，在层次上，本科参照一般普通高校本科水平，专科参照一般普通高校专科或高职院校的水平；在内容上，及时反映学科的发展变化以及自然科学和社会科学近年来研究的成果，以更好地指导应考者学习使用。

全国高等教育自学考试指导委员会
2023 年 5 月

Ⅰ. 课程性质与课程目标

一、课程性质和特点

数据库及其应用是高等教育自学考试计算机应用技术（专科）、计算机网络技术（专科）等专业考试计划中规定的课程，是为了满足社会对数据库应用人才的需求而设置的专业课。设置本门课程的目的是使考生掌握数据库系统的基本概念、基本理论和基本操作技术，为今后从事数据库管理和数据库应用系统的开发工作奠定理论基础和掌握实际操作的技能。

二、课程目标

本课程是一门技术性和实践性都较强的专业课，要求考生掌握数据库基本理论、基本方法和实际操作技能。通过本门课程的学习，应达到的目标如下。

1）掌握数据库系统（DBS）的组成、数据库管理系统（DBMS）的主要功能、数据库（DB）的定义，了解数据管理的发展历史，以及数据库技术的应用领域和发展前景。理解数据模型的基本概念，以及概念模型、逻辑模型、外部模型和物理模型在数据库设计各个阶段的作用。

2）熟悉主流关系数据模型（简称关系模型）的基本概念，包括关系、关系模式、主键、外键、关系完整性约束、关系模型、关系代数运算和关系规范化理论。

3）熟练掌握运用 E-R 模型设计数据库概念模型的方法和技能，能够将 E-R 模型转换成关系模型。

4）熟练掌握结构化查询语言（SQL），能够在 MySQL 系统环境下运用 SQL 创建数据库、实施数据库操作。

5）掌握数据库编程的基本概念、基本方法，能够设计简单的数据库程序，编写代码和调试程序。了解存储过程、存储函数、触发器的用途、创建和调用方法，了解游标的作用和应用方法。

6）理解事务、事务的性质、隔离级别、并发控制、加锁机制等概念。了解事务在数据库管理中的重要性和事务的四个性质。了解 MySQL 事务处理模型，掌握 MySQL 事务处理相关的 SQL 语句及其使用方法。了解并发操作与并发控制的基本概念，以及并发操作可能导致的问题。了解可串行化调度、事务的隔离级别、加锁机制、(S，X) 锁、封锁的粒度、死锁及其处理方法。了解 MySQL 的锁机制及意向锁的概念。

7）掌握数据库备份和故障恢复的基本原理、数据库备份方法、事务日志在数据库故障恢复中的作用。了解 MySQL 系统数据库备份和恢复的基本操作方法，熟悉应用数据备份和二进制日志实现数据库恢复的方法。

8）掌握数据库安全性管理的基本概念和实现技术，了解 MySQL 权限表的结构和用户权限分级管理的体系，熟练掌握创建用户、创建角色、授权和收回权限的安全性操作方法。

本书采用 MySQL 作为实验平台，理论与实践紧密结合，从第四章开始的知识点引入都从实践开始，上升到理论，再用程序代码验证，要求考生边学边上机操作，这是快速掌握本门课程的最佳方法。

三、与相关课程的联系与区别

本课程的学习需要考生具备计算机语言基础知识和操作能力，本课程的先修课程为高级语言程序设计、数据结构导论、计算机组成原理，后续课程为管理信息系统。

四、课程的重点和难点

本课程的重点包括关系数据库的基本概念、E-R 模型设计、SQL、创建和操作数据库、数据库编程技术。

本课程的难点为 SQL 连接与嵌套复杂查询、数据库编程。

Ⅱ. 考核目标

本大纲在考核目标中，按照识记、领会、简单应用和综合应用四个层次规定考生应达到的能力层次要求。四个能力层次是递升关系，后者必须建立在前者的基础上。各能力层次的含义如下。

识记（Ⅰ）：要求考生能够识别和记忆本课程中有关数据库的基本理论与基本操作技术的概念性内容（如各种与数据库相关的术语、定义、特点、组成等），并能够根据考核的不同要求，做出正确表述、选择和判断。

领会（Ⅱ）：要求考生能够理解数据库的基本理论和基本概念的内涵与外延；领悟数据模型的基本思想，掌握在数据库各个设计阶段的概念模型、逻辑模型和外部模型的用途。理解关系代数和 SQL 之间的关系。理解事务在数据库并发控制、故障恢复和运行中的重要作用；理解数据库安全性控制的机制。

简单应用（Ⅲ）：要求考生能够理解数据库的基本概念、基本理论等基础知识，分析和解决一般的应用问题，例如，判断关系的规范化程度、根据实际问题写出 SQL 语句和关系代数表达式、数据库故障恢复、授权与回收权限等。

综合应用（Ⅳ）：要求考生能够综合运用数据库的原理、方法和技术，分析或设计较为复杂的应用问题，如 E-R 模型设计、转换成关系模型、关系模式分解、把设计方案实施为数据库、复杂的 SQL 查询语句、数据库故障恢复等。

Ⅲ. 课程内容与考核要求

第一章　数据库系统概论

一、课程内容

1）数据库系统的应用示例
2）数据管理技术的产生和发展
3）数据库系统的组成
4）数据模型

二、学习目的和要求

要求考生熟悉数据库系统的定义、组成和用途；理解数据库系统的三级模式和二级映像的体系结构，了解数据库管理系统的功能，理解应用数据库系统管理数据的优点；领会数据模型在数据库设计各个阶段的作用，了解概念模型、逻辑模型、外部模型的含义。本章的重点是掌握数据库系统的组成、数据库管理系统的功能，难点是数据模型及其用途。

三、考核内容与考核要求

1）数据库系统的应用示例，要求达到"识记"层次。
2）数据管理技术的产生和发展，要求达到"领会"层次。
- 计算机文件系统、数据独立性、数据冗余、数据异常、数据不一致性。
- 数据库系统的三级模式和二级映像结构。
3）数据库系统的组成，要求达到"识记"层次。
包括数据库管理系统、数据库、数据库系统、数据库管理员（DBA）。
4）数据模型，要求达到"领会"层次。
包括概念模型、逻辑模型、外部模型、物理模型。

第二章　关 系 模 型

一、课程内容

1）关系模型的基本概念
2）数据完整性规则
3）关系模型实现数据联系的方法
4）关系代数

5）关系规范化

二、学习目的和要求

掌握关系模型的基本概念，理解实体完整性和参照完整性的重要概念，了解关系模型实现数据联系的方法。了解关系代数运算，能够根据实际问题写出关系代数表达式。了解函数依赖、完全函数依赖、传递函数依赖、第一范式、第二范式、第三范式等关系规范化理论，能够判断关系的规范化程度，并能够将关系规范化到第三范式。本章的重点是数据完整性规则、关系代数，难点是关系规范化。

三、考核内容与考核要求

1）关系模型的基本概念，要求达到"识记"层次。

包括关系（Relation）、关系的性质、键（Key）。

2）数据完整性规则，要求达到"领会"层次。

● 实体完整性（Entity Integrity）。

● 参照完整性（Referential Integrity），包括更新和删除规则。

● 用户定义完整性（User-defined Integrity）。

3）关系模型实现数据联系的方法，要求达到"领会"层次。

4）关系代数，要求达到"简单应用"层次。

包括关系代数的基本运算、扩展的关系代数运算。

5）关系规范化，要求达到"简单应用"层次。

包括函数依赖和关系规范化。

第三章　数据库设计

一、课程内容

1）数据库设计概述
2）实体–联系（E-R）模型
3）E-R 模型转换成关系模型
4）关系规范化与 E-R 模型
5）数据库设计综合示例

二、学习目的和要求

了解数据库应用系统的开发步骤；熟练掌握 E-R 模型的概念和设计方法，以及 E-R 模型转换成关系模型的规则；根据简单的业务规则设计 E-R 模型，并转换成关系模型。本章的重点是 E-R 模型的基本概念和设计，以及 E-R 模型转换成关系模型的规则，难点是根据企业数据管理的需求，设计符合需求的 E-R 模型。

三、考核内容与考核要求

1）数据库设计概述，要求达到"识记"层次。
- 数据库设计方法。
- 数据库设计的基本步骤。

2）实体-联系（E-R）模型，要求达到"简单应用"层次。
- E-R 模型的基本概念。
- 简单 E-R 模型设计。

3）E-R 模型转换成关系模型，要求达到"简单应用"层次。
- 将 E-R 模型转换成关系模型。

4）关系规范化与 E-R 模型，要求达到"领会"层次。

5）数据库设计综合示例，要求达到"综合应用"层次。
- 需求分析。
- 概念模型（E-R 图）设计。
- E-R 模型转换成关系模型。

第四章　结构化查询语言（SQL）

一、课程内容

1）SQL 概述
2）MySQL 的运行准备
3）创建数据库
4）创建表
5）数据操作
6）SQL 查询语句
7）SQL 的连接查询
8）嵌套查询

二、学习目的和要求

本章是本门课程最重要的章节。了解 MySQL 数据库管理系统的特点，下载和安装 MySQL 系统搭建上机实验环境。掌握启动或停止 MySQL 服务器以及连接（登录）或断开 MySQL 服务器的操作方法，能够在 MySQL 的客户端命令行中进行 SQL 的上机操作实验。熟练掌握创建数据库，创建表，插入、更新和删除数据，以及查询数据（包括连接、嵌套、分组、筛选等复杂的查询操作）的方法。本章的重点是创建表、SQL 查询语句应用、连接查询，难点是 SQL 的连接查询、嵌套查询。

三、考核内容与考核要求

1）SQL 概述，要求达到"识记"层次。

包括数据定义、数据操纵和数据控制。

2）MySQL 的运行准备，要求达到"简单应用"层次。

- 启动或停止 MySQL 服务器。
- 连接（登录）或断开 MySQL 服务器。

3）创建数据库，要求达到"简单应用"层次。

- CREATE DATABASE 语句。
- USE 语句。
- SHOW DATABASE 语句。
- DROP DATABASE 语句。

4）创建表，要求达到"简单应用"层次。

- CREATE TABLE 语句。
- PRIMARY KEY 子句。
- FOREIGN KEY 子句。
- ALTER TABLE 语句。
- DROP TABLE 语句。

5）数据操作，要求达到"简单应用"层次。

- INSERT INTO 语句。
- UPDATE 语句。
- DELETE 语句。

6）SQL 查询语句，要求达到"简单应用"层次。

- SQL 查询语句的基本格式和子句的功能，包括 SELECT、FROM、WHERE、ORDER BY、GROUP BY、HAVING 子句的功能和使用方法。
- 聚合函数的功能和应用。
- 字符串运算符、测试空值运算符、BETWEEN AND、NOT BETWEEN AND、IN、NOT IN、UNION 等运算符的使用方法。
- 写出解决简单实际问题的 SQL 查询语句、复杂查询条件表达式。
- 根据较复杂的问题或关系代数表达式，写出对应的 SQL 查询语句。

7）SQL 的连接查询，要求达到"综合应用"层次。

- 自然连接、左外连接、右外连接、自连接的实现方法。
- 关系代数连接运算与 SQL 的连接操作的对应关系。
- 根据实际应用问题写出多表查询操作 SQL 语句。
- 写出解决复杂多表操作的 SQL 查询语句，包括实现较为复杂的自然连接、左外连接、右外连接和自连接等操作。

8）嵌套查询，要求达到"综合应用"层次。

- 嵌套查询的功能、子查询。
- 根据实际问题，写出简单的嵌套查询语句。
- 写出解决较为复杂问题的嵌套查询语句，在其他 SQL 语句中使用子查询。

第五章　数据库编程

一、课程内容

1）创建存储过程
2）SQL 编程基础
3）存储过程的应用示例
4）创建存储函数
5）游标及游标的应用
6）数据库触发器

二、学习目的和要求

了解数据库编程的基本概念、基本方法，能够设计简单数据库程序，能够上机调试代码。掌握存储过程的用途、创建、调用和相关的操作方法；了解存储函数的创建、调用方法，以及存储过程与存储函数的区别；了解游标的原理、用途和应用方法，能够在设计存储过程的代码中使用游标；掌握数据库触发器的设计和应用方法，能够设计简单的数据库触发器。本章的重点是创建存储过程、SQL 流程控制语句、游标及其应用、创建触发器，难点是创建存储过程、触发器的代码的设计和调试。

三、考核内容与考核要求

1）创建存储过程，要求达到"简单应用"层次。
- 创建存储过程 SQL 语句。
- 修改存储过程和删除存储过程语句。
- 存在量词 EXISTS 的使用方法、DELIMITER 语句的作用。
- 根据实际应用要求设计存储过程。
- 在 MySQL 命令行窗口调试创建和调用存储过程的代码。

2）SQL 编程基础，要求达到"简单应用"层次。
- BEGIN…END 语句、注释语句。
- 变量、变量命名、变量赋值和变量使用方法。
- SQL 的控制流语句（IF、CASE 和循环语句）。
- 编写简单的存储过程，其中包括变量、IF、CASE 和循环语句，要求上机调试通过。

3）存储过程的应用示例，要求达到"综合应用"层次。
- 存储过程示例的设计思路、IF 嵌套应用方法、调试存储过程的方法。
- 编写比较复杂的业务处理存储过程，并上机通过正确性测试。

4）创建存储函数，要求达到"简单应用"层次。
- CREATE FUNCTION、RETURN 语句的用法。
- 存储函数的调用方法。
- 编写简单的创建存储函数，实现简单的业务处理，并上机调试通过。

5）游标及游标的应用，要求达到"简单应用"层次。

● 游标的概念、游标的用途和游标的使用方法（相关的 4 个 SQL 语句）。

● 在创建存储过程的代码中使用游标，并上机调试通过。

● 编写较复杂的存储过程，应用变量、游标、控制流语句，并上机调试通过。

6）数据库触发器，要求达到"简单应用"层次。

● 触发器的概念、特点和优点。

● CREATE TRIGGER 的格式，关键词 NEW、OLD 的用法，以及查看和删除触发器。

● 创建简单的触发器，并上机调试、验证通过。

● 创建触发器实现完整性检查、简单的自动触发的业务处理，并上机调试通过。

第六章　事务与事务处理

一、课程内容

1）事务、事务性质和事务处理模型
2）并发操作
3）可串行化调度
4）事务的隔离级别
5）加锁协议
6）死锁及其处理
7）MySQL 的锁机制

二、学习目的和要求

　　了解事务、事务的性质、隔离级别、并发控制、加锁机制等概念。理解事务在数据库管理中的重要性和事务的四个性质。了解 MySQL 事务处理模型，掌握 MySQL 事务处理相关 SQL 语句的使用方法。理解并发操作与并发控制的基本概念，了解并发操作可能导致的问题。了解可串行化调度、事务的隔离级别及其用途。了解加锁协议、（S，X）锁、封锁的粒度、死锁及其处理方法。本章的重点是事务和事务的性质，难点是并发控制和加锁机制。

三、考核内容与考核要求

1）事务、事务性质和事务处理模型，要求达到"领会"层次。

● 事务、事务的性质、事务处理模型。

● START TRANSACTION、COMMIT、ROLLBACK、SAVEPOINT 等事务处理语句的应用。

● 上机实验，验证上述事务处理语句的功能。

2）并发操作，要求达到"领会"层次。

● 并发操作。

● 并发操作引发的问题（读脏数据、不可重复读、幻读）。

● 上机实验，模拟多用户环境下，并发操作可能产生的问题。

3）可串行化调度，要求达到"识记"层次。

包括调度、可串行化调度。

4）事务的隔离级别，要求达到"领会"层次。

- 隔离级别。
- MySQL 的四种隔离级别。
- 上机实验，查看和修改隔离级别。

5）加锁协议，要求达到"领会"层次。

- 两段锁协议、锁的转换。
- 锁的粒度。
- （S，X）锁。

6）死锁及其处理，要求达到"领会"层次。

- 死锁。
- 死锁的处理方法。

7）MySQL 的锁机制，要求达到"简单应用"层次。

- 隐式锁定、显式锁定、意向锁。
- 行级加锁和表级加锁的 SQL 语句。
- 上机实验 MySQL 的锁处理语句。

第七章　备份与恢复

一、课程内容

1）数据库故障的种类
2）数据备份（转储）
3）事务日志
4）MySQL 的增量备份
5）数据库的恢复

二、学习目的和要求

了解确保数据库可靠性的基本概念和实现技术，理解 DBMS 中实现数据库可靠性的技术，理解确保数据库数据一致性的原理。了解数据库备份和恢复的基本原理，以及事务日志在故障恢复中的作用。掌握 MySQL 数据备份与恢复的方法，能够上机实验验证本章操作性的例题。本章的重点是 MySQL 备份与完全恢复方法，难点是用二进制日志文件将数据库恢复到故障前的一致状态。

三、考核内容与考核要求

1）数据库故障的种类，要求达到"识记"层次。

- 事务故障。
- 系统故障。
- 介质故障。

- 计算机病毒。

2）数据备份（转储），要求达到"简单应用"层次。

- 数据库备份的分类。
- 完全备份和增量备份。
- MySQL 的 mysqldump 命令备份数据库的功能。
- 上机验证 mysqldump 命令备份数据库的操作步骤。

3）事务日志，要求达到"简单应用"层次。

- 事务日志的基本概念。
- 基于事务日志恢复数据的基本原理。
- MySQL 的 7 种日志文件及其用途。
- MySQL 二进制日志相关操作命令。
- 上机实验，验证二进制日志的各种操作命令。

4）MySQL 的增量备份，要求达到"简单应用"层次。

- MySQL 通过开启二进制日志（binlog）间接实现增量备份。
- 二进制日志开启/关闭、系统变量 log_bin = ON 表示二进制日志处于开启状态。
- MySQL 利用二进制日志实现增量备份的方法。
- 上机验证二进制日志实现增量备份的操作方法。

5）数据库的恢复，要求达到"综合应用"层次。

- 数据库可恢复性实现事务的持久性。
- 简单恢复模型和完全恢复模型。
- MySQL 恢复利用 mysqldump 命令备份的数据。
- MySQL 利用二进制日志（即增量备份）文件恢复数据的方法。
- 上机实验，验证 MySQL 的备份与恢复方法。

第八章　安全性管理

一、课程内容

1）MySQL 的权限控制体系
2）权限表
3）账户管理
4）授权与回收权限
5）角色
6）视图

二、学习目的和要求

了解数据库安全性管理的基本理论、原理和实现技术。领会 MySQL 数据库系统实施安全性控制机制，理解权限表的重要作用。了解 MySQL 权限表的结构和用户权限分级管理的体系，了解角色的用途，熟练掌握创建用户、创建角色，以及 GRANT/REVOKE 语句授权和收回权限的功能。深入理解 DBMS 如何实现数据库的安全性控制。本章的重点是数据库系统安全性管理的机制、创建角色、授权与回收权限语句的应用，难点是 GRANT/REVOKE 语句应用。

三、考核内容与考核要求

1）MySQL 的权限控制体系，要求达到"领会"层次。
- MySQL 的权限级别。
- DBA 特权用户、数据库资源特权用户和一般数据库用户。

2）权限表，要求达到"识记"层次。
- 权限表用途、查看权限表方法。
- user 表、db 表、tables_priv 表、columns_priv 表和 procs_priv 表的作用。

3）账户管理，要求达到"领会"层次。
- 创建新用户（CREATE USER）和删除用户（DROP USER）语句。
- 查看用户名和修改密码。
- 上机实验，验证账户管理操作方法。

4）授权与回收权限，要求达到"简单应用"层次。
- 权限与被授权的层次关系。
- GRANT/REVOKE 语句。
- 上机实验，验证账户授权、查看权限、回收权限操作。

5）角色，要求达到"简单应用"层次。
- 创建角色（CREATE ROLE）、角色授权、查看角色权限、收回角色权限。
- 给用户赋予角色和撤销用户角色。
- 上机实验，验证创建角色、角色授权、查看角色权限、给用户赋予角色、撤销用户角色、收回角色权限等系列操作。

6）视图，要求达到"简单应用"层次。
- 创建视图（CREATE VIEW）、修改视图（ALTER VIEW）、删除视图（DROP VIEW）。
- 更新视图数据。
- 视图是实施数据库安全性的一种方法。

Ⅳ. 关于大纲的说明与考核实施要求

一、自学考试大纲的目的和作用

课程自学考试大纲是根据专业自学考试计划的要求，结合自学考试的特点而确定的。其目的是对个人自学、社会助学和课程考试命题进行指导与规定。

课程自学考试大纲明确了课程学习的内容以及深广度，规定了课程自学考试的范围和标准。因此，它是编写自学考试教材和辅导书的依据，是社会助学组织进行自学辅导的依据，是自学者学习教材、掌握课程内容知识范围和程度的依据，也是进行自学考试命题的依据。

二、课程自学考试大纲与教材的关系

课程自学考试大纲是进行学习和考核的依据，教材是学习掌握课程知识的基本内容与范围，教材的内容是大纲所规定的课程知识和内容的扩展与发挥。课程内容在教材中可以体现一定的深度或难度，但在大纲中对考核的要求要适当。

大纲与教材所体现的课程内容应基本一致；大纲里面的课程内容和考核知识点，教材里一般也要有。反过来，教材里有的内容，大纲里就不一定要体现。

三、关于自学教材

《数据库及其应用》，全国高等教育自学考试指导委员会组编，张迎新编著，机械工业出版社出版，2023 年版。

四、关于考核内容与考核要求的说明

1）课程中各章的内容均由若干知识点组成，在自学考试命题中知识点就是考核点。因此，课程自学考试大纲中所规定的考核内容是以分解为考核知识点的形式给出的。因为各知识点在课程中的地位、作用和知识自身的特点不同，自学考试对各个知识点分别按 4 个认知层次确定其考核要求（认知层次的具体描述参见"考核目标"）。

2）按照重要性程度不同，考核内容分为重点内容和一般内容。为有效地指导个人自学和社会助学，本大纲已指明了课程的重点和难点，在各章的"学习目的和要求"中，一般也指明了本章内容的重点和难点。在本课程试卷中，重点内容所占分值一般不少于 60%。

3）本课程共 5 学分（含 1 学分实践环节）。

五、关于自学方法的指导

数据库及其应用作为计算机应用技术专业（专科）、计算机网络技术（专科）等专业的专业课，涉及数据库的基本理论和实际操作技术的内容多，对考生的问题分析及逻辑思维能力有较高的要求，要取得较好的学习效果，请注意以下事项。

1）在学习本课程教材之前应仔细阅读本大纲的第Ⅰ部分，了解本课程的性质、特点和目标，熟知本课程的基本要求与相关课程的关系，使接下来的学习紧紧围绕本课程的基本要求。

2）在学习每一章内容之前，先认真了解本自学考试大纲对该章知识点的考核要求，做到在学习时心中有数。

3）本课程实践性很强，从第四章开始的绝大多数知识点都涉及上机操作，直接将例题代码输入 MySQL 命令行验证其功能和执行结果，就能够快速地掌握书中的概念和方法。本书内容对于自学考试的专科生有一定的难度，为了给考生一个有实用价值的数据库教学体系，书中从一个小型数据库案例（盛达公司数据库）开始，从数据库设计到数据库实施贯穿书中多个章节，每个章节以例题的方式完成案例的一部分内容，循序渐进，逐步深入，使书中的知识更接近实际应用，缩短考生从书本到实践的距离。

为了降低初学者和专科生学习的难度，本书配套资源包含书中的所有源代码，建议从第四章开始考生就在个人计算机上安装 MySQL 个人版以搭建实验平台，改变传统的学习方法，边学边上机操作，先直接复制源代码，粘贴到命令行窗口观察运行结果，在此基础之上再开始独立操作和进行能力的培养。

4）考生要善于理解自学考试的特点，识记、领会、简单应用和综合应用都是建立在概念（知识点）的基础上，基本理论和基本概念就是各个章节中的知识点，阅读教材时要坚持对知识点的理解，把概念背下来，这样就会把书读"薄"了，几十页内容变成几行字。备考前，把书中的概念（知识点）总结在一张纸上，每天看一遍，看十次就会滚瓜烂熟，熟练运用。

六、考试指导

在考试过程中，应做到卷面整洁，书写工整，段落与间距合理，卷面赏心悦目，有助于教师评分，因为阅卷者只能为他能看懂的内容打分，书写不清楚会导致不必要的丢分。在回答试卷中提出的问题时，不要所答非所问，避免超出问题的范围。

正确处理对失败的惧怕，要正面思考。如果可能，请教已经通过该科目考试的人，问他们一些问题。考试前合理膳食，保持旺盛精力，保持冷静。考试之前，根据考试大纲的要求将课程内容总结为"记忆线索"，当阅读考卷时，一旦有了思路，就快速记下。按自己的步调进行答卷。为每个考题或部分合理分配时间，并按此时间安排进行答卷。

七、对社会助学的要求

1）要熟知考试大纲对本课程总体要求和各章的知识点，准确理解对各知识点要求达到的认知层次和考核要求，并在辅导过程中帮助考生掌握这些要求。不要随意增删内容和提高或者降低要求。

2）要注重数据库基本概念和基本操作技能训练，引导考生独立思考和上机实验，掌握应用数据库技术解决信息处理问题的思路和技能。帮助考生真正达到考核要求，并培养良好的学风，提高自学能力。不要猜题、押题。

3）助学单位在安排本课程辅导时，授课时间建议不少于 40 学时。

八、关于考试命题的若干规定

1）考试方式为闭卷、笔试，考试时间为 150 分钟。考试时只允许携带笔、橡皮和尺，涂写部分、画图部分必须使用 2B 铅笔，书写部分必须使用黑色字迹签字笔。

2）本大纲各章所规定的基本要求、知识点及知识点下的知识细目，都属于考核的内容。考试命题既要覆盖到章，又要避免面面俱到。要注意突出课程的重点，加大重点内容的覆盖率。

3）不应命制超出大纲中考核知识点范围的题目，考试目标不得高于大纲中所规定的相应的最高能力层次要求。命题应着重考核自学者对基本概念、基本知识和基本理论是否了解或掌握，对基本方法是否会用或熟练。不应命制与基本要求不符的偏题或怪题。

4）本课程在试卷中对不同能力层次要求的大致分数比例：识记占 25%，领会占 40%，简单应用占 25%，综合应用占 10%。

5）要合理安排试题的难易程度，试题的难度可分为易、较易、较难和难 4 个等级，每份试卷中不同难度试题的分数比例一般为 3:3:3:1。

必须注意试题的难易程度与能力层次有一定的联系，但二者不是等同的概念，在各个能力层次都有不同难度的试题。

6）课程考试命题的主要题型一般有单项选择题、填空题、简答题、设计题和综合题。

Ⅴ. 题 型 举 例

一、单项选择题

1. 下列选项中，属于数据库概念模型的是 【 】
   A. 关系模型   B. E-R 模型
   C. 层次模型   D. 网络模型

2. 有两个关系：部门（编号，部门名称，地址，电话）和职工（职工号，姓名，性别，职务，编号），则职工关系的外键是 【 】
   A. 职工号   B. 编号
   C. 职工号，编号   D. 编号，部门名称

3. 防止数据库被不合法地使用，避免数据的泄露、非法更改和破坏的功能是数据库的

   【 】
   A. 并发控制   B. 完整性控制
   C. 恢复控制   D. 安全性控制

二、填空题

1. 将 E-R 模型转换为关系模型属于数据库的_____设计。

2. 在数据库系统中，角色的作用可以简化_____的工作量。

3. 在 MySQL 中，在客户表一行上加共享锁的 SQL 语句是 SELECT ＊ FROM 客户 WHERE 客户编号＝"C3" LOCK _____。

三、简答题

1. 有学生关系：R（学号，姓名，性别，专业，籍贯），检索所有女学生的姓名。试写出实现该查询的关系代数表达式。

2. 简述 MySQL 中数据库故障恢复的基本方法。

3. 什么是"死锁"？如何解决死锁问题？

四、设计题

1. 有关系：业务员（业务员编号，业务员姓名，性别，年龄，月薪），检索月薪最高的业务员姓名。试写出实现该查询的 SQL 语句。

2. 有学生表、课程表和成绩表，在学生表上创建一个触发器，实现 ON DELETE CAS-CADE 的功能，即删除学生表中的一名学生，则自动级联删除成绩表中该学生的选课信息。下面给出创建触发器的部分代码，请按照图中标号的顺序在右侧的横线处填写恰当的语句，完善创建触发器的程序。

请按照图中标号的顺序，在下列横线处填写恰当的语句：

① _____

② _____

```
mysql>DROP TRIGGER IF EXISTS BBB；
Query OK, 0 rows affected, 1 warning (0.00 sec)
mysql> DELIMITER $$
mysql> CREATE TRIGGER BBB
    ->  ①
    -> FOR EACH ROW
    -> BEGIN
    ->  ②
    -> END$$
Query OK, 0 rows affected (0.00 sec)
```

题 2 图

五、综合题

假设有下列图书馆业务规则：

- 读者需要凭借书证借阅图书，借书证有借书证号、姓名、年龄、单位属性。
- 每一本图书有书号、书名、作者、出版社属性。
- 每一本借出的图书有借书证号、书号、借出日期、应还日期。

要求：

1）根据上述业务规则设计 E-R 模型，要求在 E-R 模型中注明属性和联系的类型。

2）将 E-R 模型转换成关系模型。

Ⅵ. 题型举例参考答案

一、单项选择题
1. B   2. B   3. D

二、填空题
1. 逻辑   2. 授权和回收权限   3. IN SHARE MODE；

三、简答题

1. $\Pi_{姓名}(\sigma_{性别="女"}(R))$

2. MySQL 支持完全恢复模型，首先利用备份文件将数据库恢复到转储时的一致状态，然后利用二进制日志文件将数据库恢复到故障之前的一致性状态。

3. 当事务中出现循环等待时，如果不加以干预，则会处于一直等待下去的状态，称为死锁。有两种解决死锁的方法：一是采取某些措施，预防死锁发生；二是允许死锁发生，然后解除它。

四、设计题

1.
```
SELECT 姓名
  FROM 业务员
  WHERE 工资 =
      （SELECT MAX(月薪)
      FROM 业务员）；
```

2.
① BEFORE DELETE ON 学生
② DELETE FROM 成绩 WHERE 学号=old. 学号；

五、综合题

1) E-R 模型：

2) 转换成关系模型：

图书（书号，书名，作者，出版社）

借书证（借书证号，姓名，年龄，单位）

借阅记录（借书证号，书号，借出日期，应还日期）

后　　记

　　《数据库及其应用自学考试大纲》是根据《高等教育自学考试专业基本规范（2021年)》的要求，由全国高等教育自学考试指导委员会电子、电工与信息类专业委员会组织制定的。

　　全国考委电子、电工与信息类专业委员会对本大纲组织审稿，根据审稿会意见由编者做了修改，最后由电子、电工与信息类专业委员会定稿。

　　本大纲由北京工商大学张迎新教授编写；参加审稿并提出修改意见的有北京工商大学王雯教授、西安电子科技大学王小兵教授。

　　对参与本大纲编写和审稿的各位专家表示感谢。

全国高等教育自学考试指导委员会

电子、电工与信息类专业委员会

2023 年 5 月

全国高等教育自学考试指定教材

数据库及其应用

全国高等教育自学考试指导委员会　组编

编 者 的 话

本书是根据全国高等教育自学考试指导委员会最新制定的《数据库及其应用自学考试大纲》编写的自考教材。

数据库技术经历几十年的研究和应用，其理论、方法和技术日趋成熟，并且伴随信息、网络与计算机技术的进步而不断发展，数据库系统业已成为当今信息社会重要的支撑技术。数据库课程是计算机应用技术专业（专科）的一门重要的专业课。本书遵照自学考试大纲的要求，以社会对数据库应用人才的需求为目标，规划教材的写作体例。全书共有8章，第一章介绍数据库的基础理论；第二章介绍关系模型的基本概念，并给出一个小型数据库应用系统的综合案例，以提高考生综合解决问题的能力；第三章介绍数据库设计的基本方法，用E-R图描述用户的概念模型和将E-R模型转换为关系模型的规则，完成综合案例的概念设计和全局逻辑模型设计；第四章介绍结构化查询语言（SQL），选择目前广泛应用的MySQL数据库系统作为实验平台，结合案例详细介绍创建数据库、定义表结构、数据操作和数据查询的方法；第五章介绍数据库编程技术，包括存储过程、存储函数、数据库触发器等SQL编程技术；第六章介绍数据库管理的相关理论和概念，包括事务处理、并发操作、加锁协议；第七章介绍数据库的备份与恢复；第八章介绍数据库安全性管理。

本书是编者30多年数据库教学与科研的经验沉淀，具有两个显著的特点：一是本书所有理论和方法都从简单易懂的实例引出，力求深入浅出，通俗易懂；二是注重培养考生综合应用能力和实际操作能力的训练。本书第四~八章将理论与具体的实际应用技术相结合，给出大量的示例，要求考生边学边实践，上机验证这些例题。本书中的源代码将作为数字资源提供给考生，辅助考生提高学习效率，快速掌握所学知识。

本书由北京工商大学张迎新教授编写。北京工商大学王雯教授、西安电子科技大学王小兵教授对全书进行了认真、细致的审阅和修改，提出了很多宝贵的意见，在此向他们表示衷心的感谢。

由于编者知识水平有限，书中难免有不当之处，恳请读者批评指正。

编 者

2023年5月

第一章　数据库系统概论

学习目标：

1. 初步了解数据库的应用领域，明确学习本门课程的目的。
2. 理解数据库系统三级模式和二级映像的体系结构。
3. 了解数据库系统的组成部分，理解 DBS、DBMS、DB 等术语的含义。
4. 掌握数据模型的基本概念，理解概念模型、逻辑模型和外部模型的用途。

建议学时： 2 学时。

教师导读：

1. 观察身边的一些场景，例如银行、证券、保险、医疗、商场、网站等，就会发现，所有现代化信息管理系统都离不开数据库系统，凡是需要信息管理或信息处理的地方都会有数据库的应用。

2. 数据库管理系统（DBMS）是用户与数据库之间的"中介人"，利用 DBMS 可以方便地创建、操作和管理数据库。

第一节　数据库系统的应用示例

为了说明什么是数据库系统，先来分析几个典型的数据库应用示例，使考生先对数据库系统有一个初步的了解，为后面的深入学习奠定基础。

一、超市信息管理系统

超市是我们熟悉的购物场所，超市的管理和交易是由数据库系统支持的。超市的数据库中存储着供应商、商品、库存、销售、现金账和职工等所有运营管理信息。这些信息以表的方式存储，表与表之间存在一定的联系（这将是后面章节重点讲解的内容），如图 1.1 所示。

当顾客购买商品时，收银员扫描商品上的条码，计算机系统识别条码，根据条码信息数据库中的商品表读出商品的品名、规格、单价和库存数量，并计算出金额，当顾客所购买的商品全部扫描完毕后，收银员按下确认键，系统将立即显示应收货款，当顾客付款（现金、刷卡或扫码）后，打印销售单据，包括交易的日期、时间、收银机号、收银员号、商品清单、应收、实收、付款方式、找零等信息，至此一笔交易完成。与此同时，数据库系统在销售表中增加一条销售记录，在库存表中减掉已售商品的数量，在现金账中增加本次销售的金额，如果顾客使用银行卡、微信、支付宝等方式支付货款，则还要保存详细的支付信息。可见，整个商品交易过程是在数据库系统的支持下完成的。

实际上，超市的进货管理、商品交易、库存盘点、统计报表、销售预测、人员管理等复杂的管理工作都是基于数据库系统实现的。例如，超市的库存管理子系统自动控制商品的库存状态，数据库系统不断测试库存商品的存货数量，当某种商品的数量低于最低库存数量

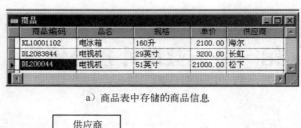

a) 商品表中存储的商品信息

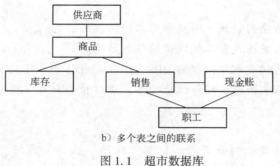

b) 多个表之间的联系

图 1.1　超市数据库

时，立即发出报警信息，并将该商品列入进货计划；当某种商品的数量高于最高库存数量时，也会报警，指出该商品已经积压或滞销，提醒管理者做出促销或甩卖的决策。

二、银行信息管理系统

现代银行的信息系统是基于计算机网络环境的大型数据库系统。银行的数据库存储客户的基本信息（如身份证号码、姓名、性别、居住地址、电话等）、账户信息（如账号、姓名、密码、开户银行、开户日期、余额、客户级别等）和交易信息（如日期、账号、地点、取款、存款、经办人等），以及转账、贷款、理财等更复杂的银行运营管理信息。

当客户到银行、自动提款机、网上银行或者在异地进行存取款和支付操作时，首先，通过电子扫描设备扫描存折上的磁条或银行卡，获取客户的账号信息，然后，通过计算机网络发送到银行的数据库系统，核对客户的账号和密码，确认无误之后，则允许接受该客户的交易，客户可以进行查询、存款、取款、转账、购买股票和理财产品等操作，交易成功后，所有交易信息将存入银行的数据库中。一笔交易可以在几秒钟或几分钟之内完成。

三、电子商务网站

从技术层面来看，电子商务系统是通过互联网技术加数据库技术实现的。数据库是电子商务系统的重要组成部分。终端用户的操作界面是网页，网页上的动态数据来自后台的数据库。例如，登录"京东网上商场"（https://www.jd.com/），打开一个网页，如图 1.2 所示，体验网上购物的过程，不难理解数据库技术在电子商务中的重要作用。

首先，每位客户在开始购物之前，必须先进行"注册"操作。单击"注册"按钮，弹出一个注册新用户界面，要求用户输入手机号、用户名、密码和邮箱等信息，当正确输入这些信息之后，在京东网站后台数据库的客户表中将增加一个新的客户记录，客户的信息保存在数据库中。其后，如果客户想"登录"网站，那么，在弹出的登录窗口中输入用户名和密码（或者用手机 App 扫描二维码）后，系统会在数据库的客户表中搜索和核对用户名及其密码，如果相符，则登录成功，可以开始购物了。

在图 1.2 左侧的商品分类导航栏中，列出所经营商品的一级目录（大类），选择其中的一个类别，将在右侧主显示区同步列出该类别商品的二级目录（中类），以及该类商品的三级目录（小类）。单击三级目录中的某个门类，将打开该门类的商品展示页。例如，选择"电脑/办公"大类，将显示电脑相关的二级目录：电脑整机、电脑配件、外设产品、游戏设备等，每个二级目录行又细分为若干三级目录。选择"电脑整机"分类中的"笔记本"小类，将显示各种品牌笔记本电脑的品牌名称、生产厂家、规格、价格、外观图片等详细的描述。由此可见，终端用户通过网页浏览京东网上商城，网页与网页之间是超链接，网页中的动态变化信息来源于后台庞大的数据库系统。用户在可视化的操作界面上对数据库进行交互操作，实现数据的存储和查询。

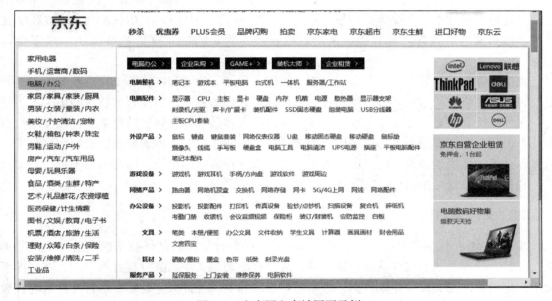

图 1.2　京东网上商城网页示例

数据库系统能够实现信息的存储、管理和操作，这些都是考生要在本门课程中学习的内容。

第二节　数据管理技术的产生和发展

一、信息与数据

信息是对事物的状态、特征、运动及变化的描述。人们通过信息可以了解事物，获得知识和概念，做出判断和行为的决策。例如，公司的管理人员根据销售订单、采购合同、财务账目等信息了解公司的经营状况，进行市场分析和财务核算，制定采购计划和营销策略。

在现代计算机系统中，信息是以数据的形式存储和处理的，数据是对事物状态和特征的表述符号，是信息的载体。例如，在计算机中存储的职工信息，如图 1.3 所示，其中职工号、姓名、性别、出生年月、籍贯是对职工数据的语义说明，而｛101，李丽萍，女，1986年 8 月 12 日，江苏｝是按照一定格式存储的职工数据，这些数据称为一个职工记录，这里的职工记录是有结构的数据。数据及其语义是不可分的，因为数据经过解释并赋予一定的意义后才能成为信息。

职工号	姓名	性别	出生年月	籍贯
101	李丽萍	女	1986 年 8 月 12 日	江苏
102	姜海山	男	1975 年 3 月 19 日	上海

图 1.3 职工信息

信息的种类很多，不仅是数字，还可以是文字、图形、图像、音频、视频等多媒体信息。在计算机系统中，多媒体信息按照预先规定的格式（通常称为文件格式）经过数字化处理，以数据的形式存入计算机，读出数据再按照规定的格式解析就可以还原成多媒体信息。

数据管理是指对数据进行分类、组织、编码、存储、检索和维护等操作。数据管理是数据处理过程中必要的基本环节。伴随计算机硬件和软件的发展，数据管理技术经历了人工管理、文件系统和数据库系统 3 个发展阶段。当前绝大多数计算机数据处理系统都在应用数据库技术，了解数据管理技术的发展历史和曾经存在的问题，对于理解数据库系统和充分发挥数据库系统的作用是很重要的。由于人工管理阶段存在的时间很短，因此下面重点讨论文件系统和数据库系统两个阶段。

二、文件系统

20 世纪 50 年代后期到 20 世纪 60 年代中期，随着计算机软硬件技术的发展，出现了磁盘、磁鼓、操作系统和文件系统等新技术，人们开始利用文件系统进行数据管理。在文件系统中，应用程序在文件中存取数据，产生各种报表和实现各种事务处理。尽管文件系统在数据管理上存在许多问题，目前大多已被淘汰，但是对文件系统某些细节的研究仍然有一些益处。如果应用数据库系统的用户不了解数据管理可能出现的某些问题，那么在应用数据库系统时，很可能重蹈使用文件系统的覆辙。了解文件系统的基本特性有助于了解更复杂的数据库系统。

早期文件系统的数据文件基本是模仿手工文档格式。图 1.4 是一家小型商贸公司的数据文件示例。其中，图 1.4a 是人事部的职工档案文件，图 1.4b 是销售部的销售文件，图 1.4c 是财务部的工资文件，这 3 个文件分别属于 3 个部门。

销售部利用销售文件中的数据，可以编写程序为公司提供十分有用的业务报表，例如：
- 汇总业务员的销售业绩，计算职工奖金，上报财务部。
- 统计客户的应付账款报表并送交财务部。
- 分析商品的销售趋势，制订采购计划等。

财务部和人事部也会根据自己的业务需求，创建本部门的数据文件和编写程序生成各种业务报表。尽管创建数据文件和编写报表程序需要花费一些时间，但这要比人工操作节省大量的时间和精力，而且计算机能够快速查询复杂的数据，并且能够按照用户的需要产生各类报表，为决策提供可靠的参考资料。

编号	姓名	出生年月	职务	电话	基本工资	家庭地址
1	向秀丽	1956/09/12	经理	856456	2025.00	河东区东大街 220 号
2	关英杰	1958/07/11	业务员	881249	1100.00	河西区北街 4 号
3	张欣颖	1955/12/01	业务员	212942	1850.00	河西区河内大街 8 号
4	何小芳	1954/04/23	业务员	241244	1850.00	河西区三元路 11 号
...	...	...	...	...	...	...

a）人事部的职工档案文件

序号	日期	客户名称	产品编码	产品名称	数量	单价	金额	业务员	电话号码
1101	9 月 10 日	万家商店	NWTDFN-7	海鲜粉	10	30.00	300.00	何小芳	241244
1102	9 月 10 日	万家商店	NWTDFN-51	猪肉干	10	53.00	530.00	何小芳	241244
1103	9 月 10 日	万家商店	NWTDFN-80	葡萄干	10	3.50	35.00	何小芳	241244
1104	9 月 11 日	华光商店	NWTB-1	苹果汁	15	18.00	270.00	关英杰	881249
1105	9 月 11 日	华光商店	NWTB-43	柳橙汁	20	46.00	920.00	关英杰	881249
1106	9 月 12 日	太和商贸	NWTSO-41	糖果	200	9.65	1930.00	关英杰	881249
1107	9 月 12 日	汇通商行	NWTJP-6	酱油	10	25.00	250.00	张欣颖	212942
1108	9 月 12 日	汇通商行	NWTCO-4	食盐	10	22.00	220.00	张欣颖	212942
1109	9 月 12 日	汇通商行	NWTBGM-19	糖果	10	9.20	92.00	张欣颖	212942
...	...	...	...	...	...	...	...	...	...

b）销售部的销售文件

月份	姓名	基本工资	奖金	实发工资
9	向秀丽	2025.00	761.00	2786.00
9	关英杰	1100.00	865.40	1965.40
9	张欣颖	1850.00	1042.00	2892.00
9	何小芳	1850.00	983.00	2833.00
...	...	...	...	...

c）财务部的工资文件

图 1.4　一家小型商贸公司的数据文件

1. 文件系统数据管理的特点

在文件系统中，所有数据管理任务都必须用某种高级程序设计语言编写程序实现，指出要计算机做什么和怎么做。编程不仅耗费时间，而且要求程序员具备较高的编程技能。例如，要在磁盘上存储数据文件，程序员必须熟悉文件存储的物理结构，用复杂的程序代码定义文件的存取方式、描述数据的类型和长度等物理存储细节。显然，这种复杂程序很难调试，且常常会引起错误。即使最简单的报表，也必须编写程序才能实现，所以很难做到"及时处理"，如果所需的信息要等到下一周或下个月才能见到，这些信息很可能已失效。

当一个文件系统中的文件数目不断膨胀，程序人员的负担就更重了。每一个文件至少需要编写下列 5 个独立的文件管理程序，即建立文件的结构、向文件添加数据、从文件中删除数据、修改文件的数据、显示文件的内容。假设一个简单的文件系统包括 20 个文件，每个文件要产生 10 个不同的报表，则需要 5×20＝100 个文件管理程序和 10×20＝200 个报表生成程序。另外，由于文件系统不具备人机交互式操作功能，不能实时响应用户的请求，因此必然导致报表程序越来越多，并且对计算机速度的要求越来越高。随着文件和应用程序数目的不断增加，这种文件系统将逐步形成如图 1.5 所示的小型文件系统，系统中各个文件之间相互独立，文件分别归属于某个部门。每一个文件都对应一组数据存储、查询、修改和报表的应用程序。

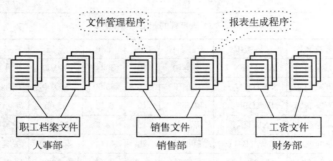

图 1.5　文件系统数据管理的方法

文件系统的数据管理需要程序设计人员花费很大精力设计和维护文件的结构，因为要改变一个已存在文件的结构相当麻烦。若要修改文件结构中的一个字段，则必须编写程序完成下列步骤：

1）在一个缓冲区中，存放新的文件结构。

2）在另一个缓冲区中，打开旧文件。

3）从旧文件中读出一个记录。

4）按新的结构对旧文件的数据进行变换操作。

5）把经过变换的数据写入新的文件。

6）最后不仅要删除旧文件，还必须修改所有使用该文件的程序，以适应新的文件结构。

总之，当文件结构和数据发生任何微小的变化时，都必须修改或重新编写文件存取程序。其原因是文件系统的数据不独立，或称文件系统的数据依赖于程序。这是文件系统的"先天不足"。因为文件系统中的文件只能存储数据，不存储文件的结构信息，所以文件的建立、存取、查询、插入、删除、修改等所有操作都需要用户编写程序来实现，所涉及的文件结构问题都必须由用户在程序中说明。

此外，在文件系统中设置口令、封锁文件中的部分数据，或者实施其他安全性措施都是很难用程序来实现的。即使能改善一下系统数据的安全性，改善的范围和效果也是非常有限的。因为文件结构取决于数据所属部门的需求，所以很难实现数据共享和安全性保证。当系统规模扩大之后，整个系统好像一个失控的陀螺，非常难以控制。这种文件系统是无法适应现代信息处理需求的。

2. 文件系统数据管理的缺陷

（1）数据独立性差

在文件系统中，创建文件、修改文件结构、添加数据、删除数据、修改数据、显示文件的内容、产生报表、统计汇总等都要编写程序来实现。程序员必须熟悉文件存储的物理结构，用复杂的程序代码定义文件的存取方式、数据的类型和长度、数据存储的顺序等物理存储细节，而且所有数据处理程序都必须按照定义的物理存储细节存取数据。当文件结构和数据发生任何微小的变化时，必须修改或重新编写所有涉及存取文件的程序，这种数据与程序的依赖性特点称为数据独立性差。

（2）数据共享困难

在早期的文件系统中，部门之间的文件系统是孤立的，相互之间没有关联。如果要通过编程读取不同文件中的数据，乃至跨越不同的文件系统读取数据，则是相当困难的事情。在文件系统中，很难实现数据共享。

（3）数据冗余和数据异常

由于文件系统很难实现数据共享，因此导致同一个数据可能存储在多处。例如，在人事部、销售部和财务部的文件中都保存了职工信息。这种在两个或更多个文件中出现重复数据的问题称为数据冗余。观察图 1.4 中的 3 个文件，其中存在大量的数据冗余问题。数据冗余是文件系统固有的缺陷，可能会导致数据异常和数据不一致错误。

1）数据异常。

在理想状况下，某一个数据项发生变化时，只需要修改一处。一个数据项变化，引起多处修改的现象称为数据异常。数据冗余不仅仅增加了数据更新时间和存储容量的额外开销，更糟糕的是，可能导致数据不一致。

2）数据不一致。

数据冗余将使一个数据项变化时，必须修改多处，否则就会出现数据不一致的问题。同一个数据在不同文件中不一样的现象称为数据不一致。

（4）数据控制困难

在文件系统中，所有数据管理、数据操作和数据控制都必须通过编写程序实现，所以，很难实现对数据完整性、安全性和并发操作的控制。

总之，由于文件系统的构建结构和数据管理方法的"先天不足"，因此无法解决上述问题。

三、数据库系统

数据库系统可以弥补文件系统的缺陷，即将数据库系统的结构抽象成三级模式和二级映像，如图 1.6 所示。

1. 模式

模式也称为逻辑模式，它是数据库中整体数据的逻辑结构和特征的描述，是所有用户公共的数据视图。数据库系统将企业所有部门的数据处理需求统一规划为一个模式，也就是说，模式中包含企业所有数据处理需求，甚至包含企业未来发展的数据需求。模式描述企业所有数据的逻辑结构，包括数据、数据的特征、数据之间的联系、数据的约束等概念级的描述，并不涉及数据存储的物理结构和计算机如何实现的技术问题。本书第三章阐述的内容就是进行模式（数据库整体逻辑结构）设计的理论和方法。

DBMS 提供数据描述语言（DDL）定义模式。例如，本书第四章中创建数据库的操作就是定义数据库的模式，使数据库成为存储在计算机内、能够集中管理、可共享的数据集合。

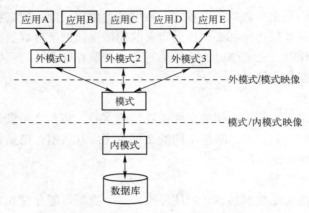

图 1.6 数据库系统的三级模式结构

2. 外模式

外模式也称为子模式和用户模式，它是数据库用户（包括应用程序员和最终用户）能够看到和使用的局部数据的逻辑结构与特征的描述，是某个用户操纵数据库的数据视图，可能与某一项应用有关数据的逻辑描述。

外模式通常是模式的子集。一个数据库只能有一个模式，但可以有多个外模式。外模式是保证数据库安全的一个有力措施。每个用户只能看到和访问所对应外模式中的数据，数据库中其他数据是不可见的。本书第八章中数据库安全性的权限控制体现了外模式的作用。

3. 内模式

内模式也称存储模式，一个数据库有一个内模式。它是数据物理结构和存储方式的描述，是数据在数据库内部的组织方式，涉及更多的计算机软硬件技术，如堆、栈、索引、物理存储结构等。当前的关系数据库管理系统（RDBMS）不要求数据库的使用者了解更深层次的物理实现技术，因为可由 DBMS 自动实现，或者由用户选择性地进行操作。

4. 数据库的二级映像功能和数据独立性

数据库的三级模式是从三个层面对数据的抽象，简化了数据库实现技术和操作方式。用户只要按照数据库的逻辑模型，应用 DBMS 的数据定义语言定义数据库的模式来创建数据库，就不必关心数据在计算机中的具体表示方式和存储结构。用户利用简洁的数据库语言或应用程序轻松地操作数据库中的数据（一个外模式）。实际上，在数据库系统内部，这三个抽象层次之间的联系和相互之间的转换是由 DBMS 软件实现的。DBMS 在三级模式之间提供两层映像：外模式/模式映像和模式/内模式映像。正是这两层映像保证了数据库系统中的数据能够具有较高的逻辑独立性和物理独立性。

（1）外模式/模式映像

模式描述的是数据的全局逻辑结构，外模式描述的是数据的局部逻辑结构，外模式是模式的子集。数据库系统对每一个外模式都定义了该外模式与模式之间的对应关系，这些定义包含在外模式的描述中，这种对应关系实现了外模式与模式的关联。当模式改变时，由数据库管理员对各个外模式/模式映像作相应改变，使外模式保持不变。因为应用程序是依据数据的外模式编写的，不必修改，所以保证了数据与程序之间的逻辑独立性，简称为数据的逻辑独立性。

（2）模式/内模式映像

数据库中只有一个模式，也只有一个内模式，所以模式/内模式映像是唯一的。模式/内模式映像定义数据全局逻辑结构与数据库的数据存储结构之间的对应关系，该定义包含在模式描述中。在应用 DBMS 的数据描述语言定义模式（创建数据库）时，DBMS 自动生成模式/内模式的关联关系，即逻辑数据库与物理数据库的对应关系。当用户读取一个逻辑记录时，DBMS 根据这种对应关系所记录的存储结构和存储地址，获取用户访问的数据。

当数据库的存储结构（如存储设备变更）改变时，由数据库管理员对模式/内模式映像作相应改变，使模式保持不变，从而使应用程序也不必改变。这保证了数据与程序之间的物理独立性，简称为数据的物理独立性。

在数据库系统的三级模式中，模式即数据库的全局逻辑结构，是核心和关键。模式来源于企业所有数据应用的整合和规划，反之，所有应用程序使用的数据（外模式）是模式的子集。内模式依据模式描述的全局逻辑结构中数据及其联系按照一定的物理存储策略组织存储，以达到最佳的时间和空间效率。

数据库系统的三级模式和二级映像的构建结构，使数据与程序之间相互独立，使数据的定义和描述可以从应用程序中分离出去。数据的安全性、完整性和存取操作均由 DBMS 统一管理，用户不必考虑存取路径等物理细节，并且 DBMS 提供功能强大、操作简便的 SQL，大大简化了应用程序的编写和数据库的操作方式。

四、数据库系统的特点

在数据库系统中，相关数据集中存储在一个可共享的数据库中，由数据库管理系统统一管理。数据库系统的数据管理如图 1.7 所示。

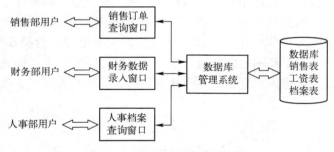

图 1.7　数据库系统的数据管理

数据库系统的优点如下。

1）数据库系统不仅存储数据，还存储数据的结构信息以及数据之间的联系，这是文件系统与数据库系统的根本区别。所有应用程序都通过 DBMS 访问数据库。DBMS 可以从系统目录中获得数据库的结构信息和数据之间的联系，从而避免了文件系统必须在每一个存取程序中都对结构信息和复杂数据联系进行编程的麻烦。DBMS 能够根据数据库的任何变动自动地修改数据的结构信息，而不需要用户编写复杂的程序。所以，DBMS 可以消除文件系统中数据依赖于程序的弱点，提供较好的数据独立性。

2）创建数据库时只需要简单地定义数据的逻辑结构，不必花费大量的精力定义数据的物理结构和编写程序。例如，创建一个学生表的 SQL 语句：

CREATE TABLE 学生 (学号 CHAR(8),姓名 CHAR(8));

只要这么一条语句，就能够创建数据库的表结构，而逻辑数据与物理数据之间的转换则由 DBMS 自动完成。DBMS 能够把用户的逻辑请求转换成内部命令，确定数据的物理地址，再将查询的结果按照用户要求的格式输出。这里的"逻辑数据"是指存在于人们头脑中有具体含义的数据，例如，年龄、性别等；而"物理数据"是指实际存储在计算机存储器中的二进制数据。

3）DBMS 提供加密和权限等安全性控制机制，能够确保数据库的安全。

4）数据库系统支持多用户的数据存取操作，并通过封锁机制防止并发操作可能出现的问题，实现数据共享。

5）DBMS 提供数据备份和数据恢复的功能，能够保证数据库的可靠性。

6）数据库系统提供完整性约束功能，自动检测数据的正确性和相容性。

7）数据库系统提供功能强大的 SQL。SQL 属于一种非过程化语言，只需要用户指出做什么，不必说明怎么做，更不需要用户编写复杂的程序。同时，DBMS 还提供了第 3 代编程语言存取数据的接口，如 Java、C、Pascal、JSP 等。

第三节　数据库系统的组成

数据库系统（Data Base System，DBS）主要有四个组成部分，即数据库（Data Base，DB）、数据库管理系统（Data Base Management System，DBMS）、数据库应用程序（Data Base Application）和数据库管理员（Data Base Administrator，DBA），如图 1.8 所示。数据库管理系统是用于创建数据库和操作数据库的软件系统，用户可以根据自己的数据需求，利用数据库管理系统创建自己的数据库，例如，超市、银行或网站的数据库；数据库应用程序可以帮助用户实现对数据库操作的更高要求，使用户的业务处理和数据操作过程更直观与方便，例如，图 1.2 所示的京东网上商城网页是一个数据库应用程序，是展示商品信息和接受用户交互操作的界面；数据库管理员是专门从事数据库管理的人员。下面详细介绍数据库系统的每一个组成部分。

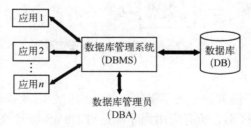

图 1.8　数据库系统的组成部分

一、数据库管理系统

实际的数据库可能相当复杂，对其操作可能更复杂，为了有效地管理和操纵数据库，人们研制出 DBMS 软件。DBMS 是用于操作数据库的软件产品。目前，DBMS 的产品很多，例如 Oracle、Sybase、DB2、SQL Server、MySQL 和 Access 等，其中 Oracle、Sybase、DB2 属于大型数据库软件，功能强大、价格昂贵，主要应用于大型数据库系统，例如，银行、金融、政府等较大规模的数据库应用系统；SQL Server、MySQL 属于中小型数据库软件，一般应用于企业、学校、商店等中小规模的数据库应用系统；Access 属于具有广泛普及性的小型数据库软件，多用于个人数据管理。

1. DBMS 的基本工作原理

在数据库系统中，DBMS 就像终端用户与数据库之间的"中介人"，数据库复杂的内部结构是由 DBMS 直接管理的，终端用户不必了解数据的存储路径、存取方式和存储地址等复杂的物理结构信息，就可以操作数据库。数据库不仅存储数据，而且存储数据的结构描述信息以及数据之间的联系，这些信息详细地记录了表的名称、列的名称、列的类型、列的宽度、小数位数，以及数据的约束和所属权限等其他相关定义。在数据库系统中，数据库复杂的结构信息是由 DBMS 直接管理的，终端用户不必了解数据库内部复杂的结构。当用户读取数据时，DBMS 会自动地将用户的请求转换成复杂的机器代码，实现用户对数据库的操作。例如，要查询有关学生的信息，终端用户只要发出下列请求：

> SELECT 学号，姓名，专业
> FROM 学生

这个请求的含义：从学生表中，查找所有学生的学号、姓名、专业。当 DBMS 接受这个请求之后，将它自动转换成相应的机器代码，自动执行这个查询任务，按用户的要求输出查询结果。整个过程如图 1.9 所示，不必涉及数据结构的描述、存储地址和存取方法等物理问题。所以说，DBMS 的作用就是让用户轻松地操作数据库。

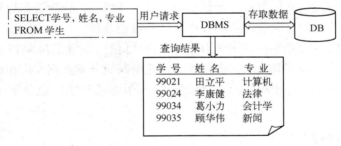

图 1.9　数据库操作示例

2. DBMS 的基本功能

虽然各种 DBMS 产品的功能有所差异，但是它们有几个相同的基本功能。
- 数据定义：创建数据库、定义表结构、创建索引和视图等。
- 数据操作：输入、查询、更新、插入、删除数据等。
- 数据库运行管理：并发控制、完整性控制、安全性控制等。
- 数据库维护：自动维护系统目录，备份与恢复等可靠性保障措施。

二、数据库

数据库是**长期存储在计算机内，有组织的、可共享的数据集合**。数据库中的数据按一定的数据模型组织、描述和存储，具有较小的冗余度、较高的数据独立性和易扩展性，可为各种用户共享。

本章第一节的超市数据库中有多个表，表与表之间存在着一定的联系。这些表按照一定的逻辑结构组织，存储着超市运营和管理的所有信息，支撑整个超市的正常运营。每个表都由两个部分组成。第一部分是表的结构描述信息，包括表的名称、每一列的名称、列的宽度、列的数据类型（如数值、字符、日期等）。例如，商品表有商品编码、品名、规格和单价和供应商 5 列，其中商品编码是字符型，宽度为 8 位，单价是数值型，宽度是 6 位，小数为两位，这些信息称为数据库的结构描述信息，也称为元数据。表的结构描述信息（元数据）存储在数据库的系统目录中，用于实现管理数据的方法和技术，这是数据库系统与文件系统的根本区别。第二部分是用户数据，这些数据是用户按照表中每一列的数据类型和宽度输入的数据。

当用户读取表中的数据时，DBMS 首先访问数据库的系统目录，获得数据存储地址，完成数据操作，最终向用户提供操作的结果。所以说，数据库是一个自描述系统，它不仅存储用户数据，还存储有关数据结构的描述信息（元数据）及数据之间的联系。当前的数据库系统除存储数据和元数据以外，还可以存储视图、存储过程、触发器、函数、用户权限等更多的数据库对象。这些问题正是本书后面章节所要研究的问题。

三、数据库应用程序

在数据库系统中，需要根据用户业务处理的需求，设计业务处理程序和可视化的操作界面，使用户能够轻松地使用数据库。

数据库应用程序设计的方法有很多种。

- SQL 是用户交互式操作数据库的工具。
- 按照用户需求编写存储过程、函数和触发器，并将它们作为数据库对象存储在数据库中，这是实现用户复杂业务处理程序设计的最佳途径。
- 当前许多 DBMS 都提供应用开发组件，用户可快捷设计出屏幕格式、查询窗口、报表、菜单、应用程序和交互式操作界面，这是高效开发数据库应用程序的好方法。
- 将 Java、Python、C、PHP 等高级编程语言与数据库连接，也是常用的编写数据库应用程序的方法。

四、数据库管理员

随着数据库应用系统规模的不断扩大，数据库管理变成了一项日益复杂的工作，因此，产生了专门从事数据库管理的人员，称为数据库管理员。数据库管理员全面负责数据库管理的计划、组织、测试、监控和服务工作，主要有以下几个方面。

1. 向终端用户提供数据和信息

必须准确地确认用户当前和将来的信息需求，能够向终端用户提供解决信息需求的方法。

2. 制定数据库管理的规定、标准和规范

负责制定安全性控制的管理规定、规定用户口令长度，以及实施安全性控制规范等数据库管理工作。

3. 确保数据库的安全性，防止非法操作的发生

数据库安全性控制的方法主要包括对用户访问权限的管理、视图的定义，以及对 DBMS

的操作的监控。数据库管理员必须确保数据库被保护、可重构、可检查、抗干扰，使用户成为可识别的、已授权的和被监控的用户。

4. 数据库的备份与恢复

备份和恢复是非常有效的数据库保护方法，数据库管理员必须保证在物理数据丢失或数据库完整性被破坏的情况下，能够完全恢复数据库中的数据。为了做到这一点，数据库管理员必须对故障进行管理，及时备份，为数据库恢复做好准备。

5. 培训终端用户

数据库管理员要制订对终端用户的全面培训计划，明确培训的目的、要求、方法和步骤，即要明确地指出谁做什么、什么时候做和怎样做。

第四节　数据模型

本章第二节从数据库系统结构角度提出了模式、外模式和内模式的概念。从数据库设计角度，人们提出了概念模型、逻辑模型、外部模型、物理模型。从数据库实现技术的角度，逻辑模型又分为网络模型、层次模型、关系模型。这些概念用于数据库的不同阶段，有各自的用途。本节介绍常见的数据模型。

模型是对不能直接观察的事物的形象描述和模拟，换句话说，模型是对客观世界中复杂对象的抽象描述。**在数据库中，用数据模型描述数据的整体结构，包括数据的结构、数据的性质、数据之间的联系、完整性约束条件，以及某些数据变换规则。**

数据模型是数据库设计人员、程序员和最终用户之间进行交流的工具。从现实世界的信息到数据库实现，经过了一个逐步抽象的过程，根据抽象的级别定义了4种模型，即概念数据模型、逻辑数据模型、外部数据模型和物理数据模型，通常省略"数据"两字。图1.10形象地描述了这4种模型在数据库设计中的作用以及它们之间的关系。

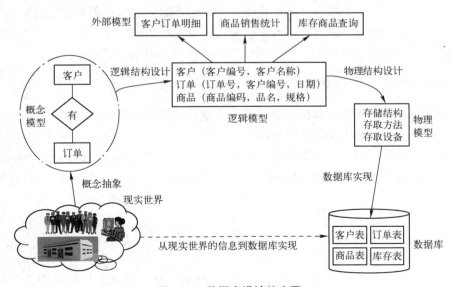

图1.10　数据库设计的步骤

一、概念模型

从用户信息需求观点描述数据库全局逻辑结构的模型称为概念模型。概念模型类似于建筑工程中的蓝图或者沙盘，用于直观地描述用户业务环境的数据需求、数据之间的联系、数据约束条件，是数据库设计人员与终端用户之间交流的工具，也是逻辑模型设计的依据。概念模型描述数据库中将存储一些什么信息，而不管这些信息在数据库中是怎么实现存储的，不涉及实现数据库的计算机软硬件和具体的 DBMS 软件。

最常用的概念模型表示方法是实体-联系模型，简称 E-R 模型。E-R 模型可以描述现实世界中复杂的事物、事物之间的联系。第三章将详细介绍 E-R 模型的设计方法。

二、逻辑模型

从计算机实现数据库的观点描述数据库全局逻辑结构的模型称为逻辑模型。逻辑模型是数据库设计人员与应用程序员之间交流的工具。目前，主要有层次、网络和关系 3 种逻辑模型，基于这三种数据模型产生了三种 DBMS。

层次模型的数据结构是树形结构，网络模型的数据结构是有向图，这两种模型的共同特点是用指针实现数据之间的联系，数据结构复杂，且定义数据结构、数据查询和产生报表都需要烦琐的编程过程，因此，它们很快就被关系模型所取代。

自 20 世纪 80 年代开始，关系模型就成为主流的数据模型，关系数据库管理系统是应用最广泛的数据库软件，是本书重点介绍的数据模型。

三、外部模型

从用户使用数据的观点描述数据库局部的逻辑结构的模型称为外部模型。外部模型是数据库用户的数据视图，是与某一个应用相关数据的逻辑描述。外部模型是逻辑模型的子集，一个数据库可以有多个外部模型，不同级别的用户、不同的应用所需要的数据集也不同，例如，公司销售部使用的数据是客户、订单信息，人事部使用的数据是职工、工资信息，每个部门的不同应用所需的数据也不同。外部模型是描述每个应用的逻辑数据结构。

四、物理模型（内部模型）

物理模型描述数据库在计算机物理设备上的存储结构和存取方法。数据库最终存储在计算机的物理设备上，物理模型依赖于一个计算机系统的软件和硬件设备。物理模型设计是指为一个给定的逻辑结构选取一个最适合应用环境的物理结构。不同的 DBMS 所要求的物理设计不同，而且差别很大。RDBMS 对物理层设计的要求很少，且仅有的一些要求也是由 DBA 实现的。

本 章 小 结

数据库技术经历了几十年的应用和发展，其理论、方法和技术日趋成熟，并且伴随信息、网络与计算机技术的进步而不断发展，数据库系统业已成为当今信息社会的重要支撑技术。

数据库系统采用三级模式、二级映像结构，克服文件系统存在的数据独立性差、数据共享困难、数据冗余、数据异常、数据控制困难等问题，提供了优化的数据管理方法。数据库系统（DBS）主要有数据库管理系统（DBMS）、数据库（DB）、数据库应用程序和数据库管理员（DBA）四个组成部分。DBMS 的基本功能包括数据定义、数据操作、数据库运行管理（并发控制、完整性控制、安全性控制、数据恢复控制）、数据库维护等。数据库是长期存储在计算机内、有组织的、可共享的数据集合。数据库中的数据按一定的数据模型组织、描述和存储，具有较小的冗余度，较高的数据独立性和易扩展性，可为各种用户共享。

在数据库中，用数据模型描述数据的整体结构，包括数据的结构、数据的性质、数据之间的联系、完整性约束条件，以及某些数据变换规则。从现实世界到数据库实现，经过一个逐步抽象的过程，根据抽象的级别定义了 4 种模型，即概念模型、逻辑模型、外部模型和物理模型。逻辑模型从计算机实现数据库的观点描述数据库全局逻辑结构。逻辑模型主要有层次、网络、关系 3 种类型，基于这 3 种数据模型产生了 3 种 DBMS。

习　　题

一、名词解释

DB、DBMS、DBS、DBA、SQL、模式、外模式、内模式。

二、单项选择题

1. DBMS 是　　　　　　　　　　　　　　　　　　　　　　　　　　　　【　　】
   A. 数据库　　　　　　　　　　　B. 数据库系统
   C. 数据库应用程序　　　　　　　D. 数据库管理系统
2. DB、DBMS 和 DBS 三者间的关系是　　　　　　　　　　　　　　　　【　　】
   A. DB 包括 DBMS 和 DBS　　　　B. DBS 包括 DB 和 DBMS
   C. DBMS 包括 DBS 和 DB　　　　D. DBS 与 DB 和 DBMS 无关
3. 提供数据库定义、数据操纵、数据控制和数据库维护功能的软件称为　　【　　】
   A. OS　　　　　B. DB　　　　　C. DBMS　　　　D. DBS

三、简答题

1. 简述文件系统的数据管理方法。
2. 简述文件系统的主要缺陷。
3. 简述数据库系统的三级模式和二级映像。
4. 简述数据库系统的主要优点。
5. 简述数据库系统的组成部分。
6. DBA 的主要职责是什么？
7. 什么是数据模型？
8. 什么是概念模型？
9. 什么是逻辑模型？
10. 什么是外部模型？
11. 什么是物理模型？

第二章 关系模型

学习目标：

1. 掌握关系模型的基本概念。

2. 掌握实体完整性和参照完整性的重要概念。

3. 理解关系模型实现数据联系的方法。

4. 掌握关系代数运算，能够根据实际问题写出关系代数表达式。

5. 了解函数依赖、完全函数依赖、传递函数依赖、第一范式、第二范式、第三范式等关系规范化理论，能够判断关系的规范化程度，并能够将关系规范化到第三范式。

建议学时：4 学时

教师导读：

1. 本章内容是关系数据库的理论基础，认真学习这些基本概念将有助于深入理解后面多个章节的内容。

2. 盛达公司要创建一个关系数据库，要存储公司的职工、客户、供应商、订单、入库单等信息，怎么存储这些数据呢？怎么实现这些数据相互之间的联系呢？这就是本章要解决的问题。

第一节 关系模型的基本概念

关系模型用二维表表示实体集，利用公共属性实现实体之间的联系。一个关系数据库由若干个表组成，表与表之间通过在一个表中包含另一个表的主键（公共属性）的方法实现数据之间的联系。

一、关系

关系（relation）是行与列交叉的二维表。表中的一行称为关系的一个元组，表中的一列称为关系的一个属性，每一个属性有一个取值范围，称为属性域。元组的集合称为关系实例，通常关系实例又简称为关系。

以图 2.1 中的职工关系为例说明关系模型相关术语，职工关系有 6 个属性和 5 个元组，职工号的属性域是一个编码集合，姓名的属性域是一个汉字字符集，性别的属性域是{男,女}。

通常用关系模式描述关系的"型"（关系的框架结构），关系模式由关系名和属性集组成。例如，职工关系可表示为

职工(职工号,姓名,性别,身份证号,职务,部门编号)

在关系理论、E-R 模型、关系数据库中，分别使用多个专业术语，这些术语之间有一定的对应关系。例如，关系也称为表，属性又称为列（column），元组又称为行（row）。表 2.1 中总结了这些术语之间的对应关系。

职工号	姓　名	性别	身　份　证　号(虚拟)	职务	部门编号
1	李春平	男	107490823546	工程师	D1
2	张明利	男	107520817541	经理	D1
3	姜芝明	女	106700814248	经济师	D2
4	葛纯壮	男	108680823543	经理	D2
5	何康建	男	109510825145	经理	D3

图 2.1　职工关系

表 2.1　术语之间的对照表

关 系 理 论	E-R 模型	关系数据库	某些数据库
关系	实体集	表	表
元组	实体	行	记录
属性	属性	列	字段

二、关系的性质

关系并非普通意义的二维表格，它是一种规范化的二维表。在关系模型中，关系必须满足下列性质：

1）每一列中所有数据都是同一类型的，来自同一个域。

2）每一列都有唯一的列名。

3）列在表中的顺序无关紧要。

4）表中任意两行不能完全相同。

5）行在表中的顺序也无关紧要。

6）行与列的交叉点上必须是单值（不能有一组值）。

三、数据类型

在定义表的结构时，必须确定列的数据类型。绝大多数的数据库系统都至少支持以下几种数据类型。

- 数值：可以进行算术运算的数据。
- 字符：字符型数据也称字符串，是由任何字符或符号组成的文字串。例如，姓名、地址、专业都是字符型数据。
- 日期：可以按照特定格式存储日期型数据，可以对日期型数据进行特殊的数学运算。例如，一个日期减去另一个日期就可以求出两个日期之间的天数。

实际的 DBMS 具有更丰富的数据类型，例如，在 MySQL 中，有整型（int）、位类型（bit）、浮点（float、double 和 real）、定点数（decimal、numeric）、字符串（char、varchar 和 text）、日期时间（date、time、datetime 和 year）、二进制数据（blob、binary）、枚举（enum）、集合（set）等多种常用的数据类型。每一种数据类型又有多种格式。

四、键

在关系数据库中，关键码（简称键）是一个重要的概念。键（Key）是用于标识行

（元组）的一个或几个列（属性）。在概念上，键可以细分为超键、候选键、主键和外键。

1. 超键

在一个关系中，能够唯一标识一个元组的属性或属性组称为超键。例如，职工关系中的超键可以是<职工号>、<职工号+姓名>、<职工号+姓名+性别>等。虽然超键能够唯一地标识一个元组，但是某些超键中可能包含多余的属性，如职工表的超键<职工号+姓名+性别>中有两个多余的属性。显然，用超键唯一地标识一个元组是不恰当的。

2. 候选键

候选键是最小超键，它的任意真子集都不能成为超键。若一个属性集能够唯一标识一个元组，且不包含多余的属性，则该属性集称为关系的候选键。例如，<职工号>、<职工号+姓名>、<职工号+姓名+性别>都是超键，但只有<职工号>是候选键，因为<职工号+姓名>或<职工号+姓名+性别>中包含真子集<职工号>，且职工号是一个超键。

候选键的诸属性称为主属性（Prime attribute），不包含在任何候选键中的属性称为非主属性（Nonprime attribute）或非关键属性（Non-key attribute）。

3. 主键

在一个关系中可能存在多个候选键，选取其中一个候选键作为主键。主键可以实现"表中任意两行不能完全相同"的约束。在关系模型中，每一个关系必须有一个主键，且主键的值是唯一的。

例如，图 2.1 中的职工关系有职工号、姓名、性别、身份证号和职务等属性，其中职工号和身份证号都是候选键，在用于公司内部操作时，选择职工号作为主键最佳。通常主键用加下画线方式表示。

4. 外键

在关系数据库中，表与表之间通过在一个表中包含另一个表的主键（公共属性）的方法实现数据之间的联系。**如果关系 R 中包含另一个关系 S 的主键 K，则称 K 为关系 R 的外键，并称关系 S 是被参照关系（或称父表），R 是参照关系（也称依赖关系或子表）**。

例如，一个部门有多名职工，且一名职工只能属于一个部门，部门与职工之间存在一对多联系。为了实现这种联系，在职工表中包含部门表的主键（部门编号），在职工表中的"部门编号"称为外键，通常外键的表示方法是加波浪线，如图 2.2 所示。外键是关系数据库实现数据之间联系的纽带，通过"部门编号"可以将部门表与职工表的数据关联起来，知道部门编号，就可以在部门表中查出对应的部门名称和部门经理信息。

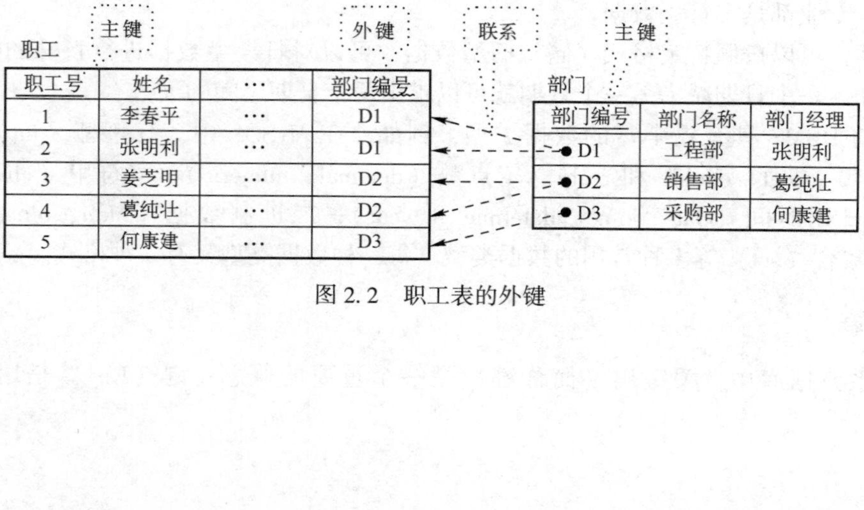

图 2.2 职工表的外键

第二节 数据完整性规则

数据完整性是指数据的正确性和有效性。关系的完整性规则是确保关系的值必须满足的约束条件。关系模型有三种完整性约束，即实体完整性、参照完整性和用户定义完整性。其中实体完整性和参照完整性是所有关系数据库都必须满足的完整性规则，也称关系完整性约束。关系完整性规则用于保证关系的主键与外键的取值必须是正确和有效的。用户定义完整性是用户应用环境中需要遵循的特定约束条件，体现用户应用环境中特殊的业务规定。

一、实体完整性

主键的值必须是唯一和确定的，这样才能有效地标识一个元组。**实体完整性（Entity Integrity）是指主键不能取空值（NOT NULL）**，因为空值不是 0，也不是空字符串，而是不确定值。

在关系数据库系统中，一旦定义了主键和实体完整性，DBMS 将会自动地维护实体完整性规则。当向表中插入一行数据时，若主键为空值或重复值，则系统将拒绝接受所插入的错误数据，并发出错误警告。

二、参照完整性

1. 参照完整性约束

参照完整性（Referential Integrity）是指外键的值必须是参照表主键的有效值，或者是空值。如果外键存在一个值，则这个值必须是参照表主键的有效值。换句话说，外键可以没有值，但不允许是一个无效值。在数据库系统中，一旦定义参照完整性约束，DBMS 将会自动地维护参照完整性规则。

例 2.1　有客户表和订单表，它们之间存在一对多联系，"客户编号"是客户表的主键和订单表的外键，表中已经输入多行数据，如图 2.3 所示，分析参照完整性约束效果。

客户表

客户编号	客户名称	联系人	电话号码	地址
3	坦森贸易公司	王炫皓	539322	黄台北路 780 号
7	国皓贸易公司	黄雅玲	601531	广发北路 10 号
11	光明杂志	谢丽秋	551212	黄石路 50 号
18	迈策船舶公司	王俊元	678888	沉香街 329 号

订单表

订单号	客户编号	签单日期	发货日期
36	3	2022/2/23	2022/2/25
41	7	2022/3/24	2022/3/25
43	11	2022/3/24	2022/3/25
63	3	2022/4/25	2022/4/26
68	7	2022/5/24	2022/5/27

图 2.3　客户表和订单表

1）假设在订单表中插入一个新的订单：{81,8,2023/8/28,2023/8/29}，由于客户表中不存在客户编号为 8 的客户，外键是一个无效值，因此该插入操作将被拒绝。

2）如果要删除客户表中客户编号为 7 的行，那么将导致订单表中客户编号＝7 成为无效值，因此该删除操作将被拒绝。

3）如果将客户表中的客户编号由 7 改成 10，那么将导致订单表中客户编号＝7 成为无效值，因此该更新操作将被拒绝。

4）如果业务规则限定订单表中的客户编号不允许为空值，则在定义参照完整性后，还需要增加一个用户自定义完整性：客户编号非空（NOT NULL），确保每一个订单都必须对应一个确定的客户。

2. 删除和更新规则

对于具有参照关系的两个表，为了不破坏参照完整性规则，对父表进行删除或更新操作时，可以根据实际情况，采取四种限制。

（1）删除父表元组的约束

- 删除约束（RESTRICT）：拒绝删除父表中任何有后代的元组（指子表中包含相应的外键值），如果试图删除，则删除被拒绝，并返回错误信息。
- 级联删除（CASCADE）：在删除父表中的元组时，其子表中相应的元组也将自动被删除。
- 删除置空（SET NULL）：在删除父表中的元组时，其子表中相应元组的外键值自动设置为空值（NULL）。
- 删除置默认值（SET DEFAULT）：在删除父表中的元组时，其子表中相应元组的外键值自动设置为默认值。

（2）更新父表主键的约束

- 更新约束：拒绝更新父表中任何有后代元组（指子表中包含相应的外键值）的主键，如果试图更新，则更新被拒绝，并返回错误信息。
- 级联更新：在父表中更新元组的主键时，其子表中相应元组的外键值也将自动被更新。
- 更新置空：在父表中更新元组的主键时，其子表的相应元组的外键值自动设置为空值（NULL）。
- 更新置默认值：在父表中更新元组的主键时，其子表的相应元组的外键值自动设置为默认值。

（3）子表操作的约束

- 在子表中插入的外键值必须是父表主键的有效值或者空值（在允许情况下）。
- 在子表中更新外键的值必须是父表主键的有效值或者空值（在允许情况下）。
- 在子表中删除元组将不受限制。

三、用户定义完整性

用户定义完整性（User-defined Integrity）是针对某一个特定数据库的约束条件。这些约束条件是用户业务处理涉及的数据必须满足的要求。目前，许多数据库系统提供多种定义和验证用户自定义完整性约束的功能，使用户能够方便地设置各种数据完整性约束条件。例如，域完整性约束是对属性值有效性的约束，包括在关系模式定义中规定的属性类型、宽度、小数位，属性是否可以取 NULL 值、默认值、唯一值（UNIQUE），基于属性的域检查子句（CHECK），以及第五章介绍的数据库触发器，都可以实现更为复杂的完整性约束条件。

第三节　关系模型实现数据联系的方法

关系模型的基本结构是表（Table），表又称为关系。表是由行/列组成的矩阵，表与表之间的联系是通过公共属性（外键）实现的。例如，图 2.3 中的客户表和订单表中都含有"客户编号"属性。尽管客户数据与订单数据分别存储在不同的表中，但是通过两个表之间的公共属性（客户编号）就可以建立它们之间的关联。例如，要检索"光明杂志"这个客户的所有订单，从客户表中查出"光明杂志"的客户编号是 11，然后，在订单表中以 <客户编号=11> 为条件检索出"光明杂志"客户的所有订单。虽然表是独立存储的，但可以通过公共属性实现表与表的关联，这是关系模型实现数据之间联系的重要特点。

一个关系数据库中包括多个表，利用"在一个表中包含另一个表的主键"的方法来实现表与表之间的数据联系，构成一个整体的逻辑结构。例如，假设盛达公司的数据库中包括10 个表，表与表之间通过外键相互联系，构成数据库的整体逻辑结构，如图 2.4 所示。

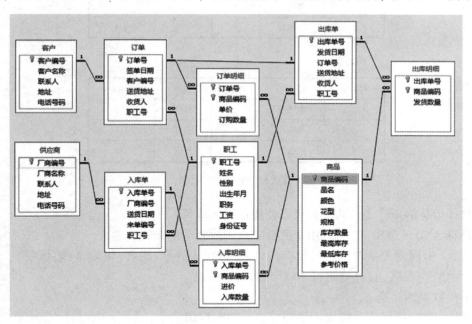

图 2.4　盛达公司数据库的关系图

第四节　关　系　代　数

关系代数运算是以一个或者两个关系作为输入，生成一个新关系的运算。关系代数有五种基本运算：选择、投影、并、差和笛卡儿积。除此之外，还有交、连接和除三种扩展的关系运算，它们可以用基本运算来定义。下面举例说明关系代数的基本运算和扩展运算。

一、关系代数的基本运算

选择和投影是对一个关系进行运算，称为一元运算。并、差和笛卡儿积是对两个关系进行运算，称为二元运算。

1. 选择

选择（Select） 运算是从关系中选择某些满足条件的元组以构成一个新的关系，记作

$$\sigma_{<条件表达式>}(R)$$

其中，σ 是选择运算符，<条件表达式>是以下标形式表达的选择条件，括号中的 R 是参数关系。

例 2.2 假设有职工关系 R(职工号,姓名,性别,职务,部门编号)，检索职务为经理的职工信息。关系代数表达式为 $\sigma_{职务="经理"}(R)$，结果如图 2.5 所示。

职工号	姓　名	性别	职务	部门编号
1	李春平	男	工程师	D1
2	张明利	男	经理	D1
3	姜芝明	女	经济师	D2
4	葛纯壮	男	经理	D2
5	何康建	男	经理	D3

职工号	姓　名	性别	职务	部门编号
2	张明利	男	经理	D1
4	葛纯壮	男	经理	D2
5	何康建	男	经理	D3

图 2.5　选择运算示例

在选择运算的条件表达式中，可以使用比较运算符 =、! =、<、<=、>和>=，也可以用逻辑运算符 AND（逻辑与）和 OR（逻辑或）构成复杂的条件表达式。

例 2.3 有保险关系 R(编号,投保人姓名,被保人姓名,险种,保险金额,保费)，要找出险种为"意外伤害"，且保费超过 2000 元的客户信息。

关系代数表达式是 $\sigma_{险种="意外伤害" \text{ AND } 保费>2000}(R)$

例 2.4 查询投保人和被保人是同一个人的客户信息。

关系代数表达式是 $\sigma_{投保人姓名=被保人姓名}(R)$

2. 投影

投影（Project） 运算是从关系中选择某些属性以构成一个新的关系，投影的结果将消除重复元组，记作

$$\prod_{A,B}(R)$$

其中，∏是投影操作的运算符，A 和 B 是以下标形式表示的属性名，括号中的 R 是参数关系。

例 2.5 有职工关系 R(职工号,姓名,性别,职务,部门编号),列出职工的姓名和性别。

关系代数表达式是 $\prod_{\text{姓名,性别}}(R)$,也可以写成 $\prod_{2,3}(R)$,表示关系 R 的第 2、3 个属性。投影运算的结果是一个包含姓名和性别属性的新关系,如图 2.6 所示。

职工号	姓　名	性别	职务	部门编号
1	李春平	男	工程师	D1
2	张明利	男	经理	D1
3	姜芝明	女	经济师	D2
4	葛纯壮	男	经理	D2
5	何康建	男	经理	D3

姓　名	性别
李春平	男
张明利	男
姜芝明	女
葛纯壮	男
何康建	男

图 2.6　投影运算示例

3. 并

关系代数的并(Union)运算的结果是由属于两个关系的元组构成的新关系,其结果是消除重复的元组。并运算要求两个关系属性的数目相同,且相应属性的性质相同。

设关系 R 和 S 的属性数目(n 列)相同,且对应的属性域相同,关系 R 与 S 的并运算结果是由属于 R 或属于 S 的元组组成的新关系,其结果是具有 n 个属性的关系,且消除重复元组,记作 R∪S。

例 2.6 假设有职工关系 R(职工号,姓名,性别,职务)和新入职的职工关系 S(职工号,姓名,性别,职务),如果要将新入职的职工信息合并到 R 中,关系代数表达式为 R∪S,并运算示例如图 2.7 所示。

R

职工号	姓　名	性别	职务
1	李春平	男	工程师
2	张明利	男	经理
3	姜芝明	女	经济师
4	葛纯壮	男	经理
5	何康建	男	经理

S

职工号	姓　名	性别	职务
7	李春山	男	工程师
8	田丽萍	女	技术员

R∪S

职工号	姓　名	性别	职务
1	李春平	男	工程师
2	张明利	男	经理
3	姜芝明	女	经济师
4	葛纯壮	男	经理
5	何康建	男	经理
7	李春山	男	工程师
8	田丽萍	女	技术员

图 2.7　并运算示例

4. 差

关系代数的差（Difference）运算是从一个关系中减去属于另一个关系的元组，该运算要求两个关系的属性数目相同，且相应属性的性质相同。

设关系 R 和 S 的属性数目相同，且对应的属性域相同，关系 R 与 S 的差是由属于 R 而不属于 S 的元组构成的新关系，记作 R-S。

例 2.7 假设每门课程的考试有一个成绩通知单，它是记录通过者的名单。R1 和 R2 分别是数学与英语课程的成绩通知单，如果要统计仅仅通过数学课程考试的学生名单，则实现该操作的关系代数表达式是 R1-R2。差运算示例如图 2.8 所示。

R1

学号	姓名	成绩
101	姜海洋	通过
124	李丽萍	通过
137	王孝利	通过
234	崔建新	通过

R2

学号	姓名	成绩
101	姜海洋	通过
134	杨雨欣	通过
156	何健树	通过
234	崔建新	通过

R1-R2

学号	姓名	成绩
124	李丽萍	通过
137	王孝利	通过

图 2.8　差运算示例

5. 笛卡儿积

关系代数的乘运算也称为笛卡儿积（Product），常用运算符 "×"。

有关系 R 和 S，若 R 有 m 个属性和 i 个元组，S 有 n 个属性和 j 个元组，则 R×S 是一个具有 $m+n$ 个属性和 $i×j$ 个元组的关系，且 R×S 元组的前 m 列是 R 的一个元组，后 n 列是 S 的一个元组。

例 2.8 假设有学生关系 S 和课程关系 C，规定学生必须选修所有课程。如果要显示学生的选课情况，则实现该操作的关系代数表达式为 S×C。

笛卡儿积的执行过程如下。

1）S 的第 1 个元组与 C 的第 1 个元组组合，生成 S×C 的第 1 个元组。

2）S 的第 1 个元组与 C 的第 2 个元组组合，生成 S×C 的第 2 个元组。

3）S 的第 1 个元组与 C 的第 3 个元组组合，生成 S×C 的第 3 个元组。

4）依此类推，S 的第 2 个元组与 C 的 3 个元组再组合，生成 S×C 后面的 3 个元组。

因为关系 S 有 2 个属性，C 有 3 个属性，所以，S×C 有 5 个属性；S 有 2 个元组，C 有 3 个元组，因此，S×C 有 2×3=6 个元组。通常，两个关系的笛卡儿积会很大，若 R 有 20 个元组，S 有 10 个元组，则 R×S 就有 200 个元组。笛卡儿积示例如图 2.9 所示。

二、扩展的关系代数运算

关系代数的基本运算足以表达任何关系代数的查询操作，但是，对于某些常用的查询，基

S

学号	姓名
201510134	姜海洋
201510254	崔浩然

C

课程号	课程名	学分
C23	数据库	4
C24	英语	5
C25	数学	3

S×C

学号	姓名	课程号	课程名	学分
201510134	姜海洋	C23	数据库	4
201510134	姜海洋	C24	英语	5
201510134	姜海洋	C25	数学	3
200510254	崔浩然	C23	数据库	4
200510254	崔浩然	C24	英语	5
200510254	崔浩然	C25	数学	3

图 2.9　笛卡儿积示例

本运算表达式可能会显得冗长，如果使用扩展的关系代数运算，则可简化这类查询的表达式。

1. 交运算

关系代数的交（Intersect）运算的结果是由两个关系的公共元组构成的一个新关系，其结果是消除重复的元组。交运算要求两个关系的属性数目相同，且相应属性的性质相同。

设关系 R 和 S 的属性数目相同，且对应的属性域相同，则关系 R 与 S 的交运算结果是由既属于 R 又属于 S 的元组构成的新关系，通常记作 R∩S。

交运算可以与下列两个差运算等价

$$R∩S=R-(R-S)$$

或

$$R∩S=S-(S-R)$$

例 2.9　假设要统计例 2.7 中 R1 和 R2 两门课程都通过考试的学生名单，关系代数表达式是 R1∩R2，交运算示例如图 2.10 所示。

R1

学号	姓名	成绩
101	姜海洋	通过
124	李丽萍	通过
137	王孝利	通过
234	崔建新	通过

R2

学号	姓名	成绩
101	姜海洋	通过
134	杨雨欣	通过
156	何健树	通过
234	崔建新	通过

R1∩R2

学号	姓名	成绩
101	姜海洋	通过
234	崔建新	通过

图 2.10　交运算示例

2. 连接运算

在关系数据库中，经常需要从多个表中获取相关数据，即从多个表的笛卡儿积中选择满足条件的元组和投影某些列。

连接（join）运算是从两个关系笛卡儿积中选择属性之间满足一定条件的元组。

例 2.10 有客户 R 和订单 S 关系

$$R(客户编号,客户名称,联系人,电话号码,地址)$$
$$S(订单号,客户编号,签订日期,发货日期)$$

如果要列出所有订单的订单号、客户名称、签订日期，则关系代数表达式为

$$\prod_{订单号,客户名称,签订日期}\left[\sigma_{R.客户编号=S.客户编号}(R\times S)\right]$$

该表达式先计算 R×S 的笛卡儿积；然后，选择与笛卡儿积中"客户编号"相匹配的元组（R. 客户编号=S. 客户编号）；最后，做投影运算，选择订单号、客户名称、签订日期 3 个属性。

上述笛卡儿积、选择和投影运算合并为一个运算，称为连接运算。连接运算等价于笛卡儿积、选择和投影 3 种关系代数运算的组合。

通常将关系 R 与 S 的连接运算记作 R $\bowtie_{P}$ S，其中 $\bowtie$ 是连接运算符，P 为连接条件表达式，在 P 中出现的属性称为连接属性，例 2.10 中的 P 为"R. 客户编号=S. 客户编号"，连接属性为客户编号。

根据对笛卡儿积进行选择和投影的运算方式，可将连接运算分为如下几种。

（1）内连接

内连接（Inner join）是从两个关系的笛卡儿积中选取属性值相等的元组构成新关系。 所以，内连接也称为等值连接。内连接运算的结果中仅包含两个关系笛卡儿积中连接属性相等的元组，不消除重复的属性。

（2）自然连接

自然连接（Natural join）运算是从两个关系的笛卡儿积中选择公共属性值相等的元组，并消除重复属性以构成新关系。 通常将关系 R 与 S 的自然连接运算记作 R$\bowtie$S，自然连接是在内连接的基础上消除重复属性。自然连接是最常用的连接运算。通常情况下，公共属性是指建立参照完整性的两个表中的一个表的主键和另一个表的外键。

在关系数据库环境中，经常依据关系之间的公共属性把相互独立的表连接在一起，从中获取相关的数据，实现多个表之间的操作。例 2.10 属于自然连接运算，记作 R$\bowtie$S，连接运算的结果由所有满足连接条件"R. 客户编号=S. 客户编号"的元组构成，且消除重复的属性。

（3）左外连接

自然连接或内连接的结果是由满足连接条件的元组构成的，排除了不满足连接条件的元组。然而，许多实际应用问题需要保留那些不满足连接条件的元组，不希望丢失信息。外连接主要是解决保留"不满足连接条件的元组"的问题。

关系 R 与 S 进行连接操作，连接的结果中除了满足连接条件的元组之外，还包含左关系 R 中不满足连接条件的元组，而其对应于 S 的属性上填空值（NULL），这种连接称为左外连接（Left outer join），记为 R $* \bowtie$ S。

如果将例 2.10 的问题修改为列出所有客户订单的情况，包括没有订单的客户在内。用左外连接实现的关系代数表达式为 R $* \bowtie$ S。在这个左外连接结果中，除了满足连接条件

"R. 客户编号=S. 客户编号"的元组之外，还保留左关系 R 中没有任何订单的客户，这些客户的订单号为空值。

（4）右外连接

关系 R 与 S 进行连接操作，连接的结果中除了满足连接条件的元组之外，还包含右关系 S 中不满足连接条件的元组，而其对应于 R 的属性上填空值（NULL），这种连接称为右外连接（Right outer join），记作 R⋈∗S。

右外连接的原理和操作方法与左外连接类似，除了满足连接条件的元组之外，还会保留右关系中不满足条件的内容，与之对应的左关系数据填空值。

例 2.11 设客户 R 和订单 S 的关系如图 2.11a 所示。下列为连接运算的结果。

1）内连接：连接属性是客户编号，结果如图 2.11b 所示。

2）自然连接 R⋈S 结果如图 2.11c 所示。

3）左外连接 R∗⋈S 结果如图 2.11d 所示。

R

客户编号	客户名称	地址
C1	南海公司	中山路 23 号
C2	光明公司	广宁路 72 号
C3	康佳商行	和平街 11 号

S

订单号	客户编号	签订日期	经办人
D1	C1	2022/4/8	何建光
D2	C2	2022/4/10	何建光
D3	C1	2022/4/11	田丽丽

a）客户R和订单S的关系

R.客户编号	客户名称	地址	订单号	S.客户编号	签订日期	经办人
C1	南海公司	中山路 23 号	D1	C1	2022/4/8	何建光
C2	光明公司	广宁路 72 号	D2	C2	2022/4/10	何建光
C1	南海公司	中山路 23 号	D3	C1	2022/4/11	田丽丽

b）内连接结果

客户编号	客户名称	地址	订单号	签订日期	经办人
C1	南海公司	中山路 23 号	D1	2022/4/8	何建光
C2	光明公司	广宁路 72 号	D2	2022/4/10	何建光
C1	南海公司	中山路 23 号	D3	2022/4/11	田丽丽

c）自然连接结果

客户编号	客户名称	地址	订单号	签订日期	经办人
C1	南海公司	中山路 23 号	D1	2022/4/8	何建光
C2	光明公司	广宁路 72 号	D2	2022/4/10	何建光
C1	南海公司	中山路 23 号	D3	2022/4/11	田丽丽
C3	康佳商行	和平街 11 号			

d）左外连接结果

图 2.11 连接运算示例

3. 除运算

由于除（Divide）运算的定义比较复杂，因此，这里用一个例子来说明除运算的含义。

设有一个学生选课关系 R，找出选修 C1 和 C4 两门课程的学号。这类问题可以用关系代数的除运算来实现。

被除数是选课关系 R，除数是由 C1 和 C4 两个元组构成的关系 S，记作 R÷S。在关系 R 中，S1 和 S2 都选修了 C1 和 C4 两门课程，所以，结果关系中有 S1 和 S2 两个元组，如图 2.12 所示。

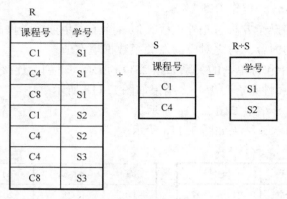

图 2.12　除运算示例

第五节　关系规范化

关系规范化是从关系模式中属性与属性之间的函数依赖性来判断关系模式的合理性，解决数据库设计的优化问题。

一、函数依赖

根据关系模式中属性与属性之间的函数依赖性，判断关系中是否存在数据冗余和可能产生数据异常，可以有效地消除数据异常。函数依赖是关系模式设计的一种约束条件，只有符合这些约束条件，才能使关系模式设计更规范、更合理。

1. 函数依赖的定义

在一个关系中，如果知道一个属性的值，就可以确定另一个属性的值，例如，知道一名职工的职工号，就可以知道他的姓名、性别、出生年月等属性的值，这种在属性之间存在的关系就是函数依赖性（Functional Dependency，FD）。

如果属性 X 的值能够决定属性 Y 的值，则称属性 X 函数决定属性 Y，或者属性 Y 函数依赖于属性 X，记作 X→Y。一个关系上的函数依赖集简写为 FD 集。

例 2.12　假设有学生关系 R(学号,姓名,性别,系名称,系地址)。

语义：每名学生有唯一的学号，根据学号就可以查出学生的姓名、性别、系名称和系地址。每个系有唯一的系名称，知道系名称就能查出系地址。

学生关系 R 的 FD 集为

　　FD = {学号→姓名,学号→性别,学号→系名称,学号→系地址,系名称→系地址}

也可以记作

学号→姓名，性别，系名称，系地址

系名称→系地址

2. 函数依赖图

为了直观地描述属性之间的函数依赖性，可以用函数依赖图描述关系的函数依赖集。在函数依赖图中，上面的箭头表示主键与非主属性之间的函数依赖，下面的箭头表示其他非主属性之间的函数依赖。上述学生关系 R 的函数依赖图如图 2.13 所示。注意，图中的主键必然是决定项，而决定项不一定就是主键。

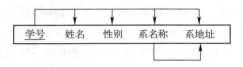

图 2.13　学生关系 R 的函数依赖图

3. 完全函数依赖

在关系模式中，主键可以是一个属性或者多个属性的组合，对于多属性主键，可能存在非主属性对主键的不同函数依赖情况，即完全函数依赖和部分函数依赖的问题。

例 2.13　有关系 R(学号,姓名,课程号,课程名称,学时,分数)，每名学生有唯一的学号，每门课程有唯一的课程号，一名学生选修一门课程，且有一个分数，学号能够决定姓名，课程号能够决定课程名称和学时，学号和课程号的组合可以决定分数，关系 R 的主键是<学号,课程号>。

关系 R 的 FD 集为

学号→姓名

课程号→课程名称,学时

学号,课程号→分数

学号,课程号→姓名

学号,课程号→课程名称

关系 R 的函数依赖图如图 2.14 所示。

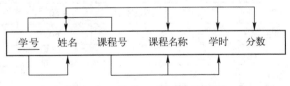

图 2.14　关系 R 的函数依赖图

从函数依赖图中，可以直观地看出完全函数依赖和部分函数依赖的特点。

1）完全函数依赖：学号与课程号的组合能够唯一地决定分数，即分数函数依赖于主键<学号,课程号>，这种函数依赖称为完全函数依赖。

2）部分函数依赖：学号只可以决定姓名，即姓名函数只依赖于主键的一部分，这种函数依赖称为部分函数依赖。同理，课程名称和学时也部分函数依赖于主键。

4. 传递函数依赖

观察图 2.13 中属性之间函数依赖的特点，学号可以决定系名称和系地址，系名称也可以决定系地址，即系地址函数依赖于系名称，而系名称又函数依赖于学号，系地址通过系名称间接依赖于学号，则称系地址传递函数依赖于学号。可以直观地看出，传递函数依赖的特点是非主属性之间存在函数依赖。在下面的"关系规范化详解"中将会看到，关系模式中存在的"非主属性对主键的函数依赖性"影响关系的优化程度。

二、关系规范化简介

表是数据库的基本组成部分，表的结构设计是否合理是数据库设计的重要指标。如果一个数据库的表结构设计不合理，即便采用最好的关系数据库软件，也很难避免数据冗余导致的数据异常问题。关系规范化是判断表结构是否合理的有效方法，它利用一组不同级别的范式判定关系规范化的程度，确认表中存在数据异常的原因，并通过关系模式分解的方法，消除数据异常。在关系理论中，第一范式（1NF）、第二范式（2NF）、第三范式（3NF）、关系模式分解方法都有一系列严密的理论依据和证明，鉴于本书是面向数据库应用类专业的教材，所以，对关系规范化理论及其论证尽量简略，只从其应用角度给出基本方法。

1. 非规范化关系

为了说明规范化的重要性和关系规范化处理的过程，下面提供一个简单的应用示例。假设某建筑公司的业务规则如下：

1）公司承担多个工程项目，每一个工程都有工程号、工程名称。

2）公司有多名职工，每一名职工都有职工号、姓名、职务。

3）公司按照职务确定薪酬标准，即按照职务确定小时工资，例如，技术员的小时工资是 60 元，工程师是 65 元。

4）每个职工都参与多个工程，且每个工程都有多名职工参与。

5）公司每月都制定一个工资报表，按照工时和小时工资计算实发工资，见表 2.2。

表 2.2 工资报表的格式

工程号	工程名称	职工号	姓名	职务	小时工资	工时	实发工资
A1	花园大厦	1001	齐光明	工程师	65	13	845
		1002	李思岐	技术员	60	16	960
		1004	葛宇洪	律师	60	19	1,140
小计：							2,945
A2	立交桥	1001	齐光明	工程师	65	15	975
		1003	鞠明亮	工人	55	17	935
小计：							1,910
A3	临江饭店	1002	李思岐	技术员	60	18	1,080
		1004	葛宇洪	律师	60	14	840
小计：							1,920
总计：							6,775

假设根据表 2.2 的报表格式设计一个表，省略"实发工资""小计""总计"这些可以通过计算获得的数据，结果见表 2.3。

表 2.3　非规范化关系

工程号	工程名称	职工号	姓名	职务	小时工资	工时
A1	花园大厦	1001	齐光明	工程师	65	13
		1002	李思岐	技术员	60	16
		1004	葛宇洪	律师	60	19
A2	立交桥	1001	齐光明	工程师	65	15
		1003	鞠明亮	工人	55	17
A3	临江饭店	1002	李思岐	技术员	60	18
		1004	葛宇洪	律师	60	14

　　由于表 2.3 中行与列的交叉点上存在一组值，因此该表不符合关系的定义，称之为非规范化关系。

2. 第一范式

　　如果关系 R 中没有重复组（即行与列的交叉点上只有一个值，而不是一组值），且定义了主键、所有非主属性都依赖于主键，则 R 属于第一范式，常记作 R∈1NF。简言之，若关系 R 满足关系的定义，则 R∈1NF。

　　将非规范化关系转换成 1NF 的方法很简单，见表 2.4，消除表中的重复组，定义主键为 <工程号，职工号>，使工资关系满足 1NF。

　　关系模式：R(<u>工程号</u>,工程名称,<u>职工号</u>,姓名,职务,小时工资,工时)

表 2.4　将非规范化关系转换成 1NF

工程号	工程名称	职工号	姓名	职务	小时工资	工时
A1	花园大厦	1001	齐光明	工程师	65	13
A1	花园大厦	1002	李思岐	技术员	60	16
A1	花园大厦	1004	葛宇洪	律师	60	19
A2	立交桥	1001	齐光明	工程师	65	15
A2	立交桥	1003	鞠明亮	工人	55	17
A3	临江饭店	1002	李思岐	技术员	60	18
A3	临江饭店	1004	葛宇洪	律师	60	14

　　根据公司的业务规则，分析属性之间的函数依赖性：

　　1）每个工程有唯一的工程号，工程号决定工程名称。

　　2）每名职工有唯一的职工号，职工号可以确定姓名和职务，职务决定小时工资（每小时薪酬）。

　　3）一名职工可以参与多个工程，且一个工程有多名职工参与，职工号和工程号能够确定职工参与工程的工时。

　　给出关系 R 的 FD 集

　　　　　　工程号→工程名称

　　　　　职工号→姓名,职务,小时工资

　　　　　工程号,职工号→工程名称,姓名,职务,小时工资,工时画出函数依赖图，如图 2.15 所示。

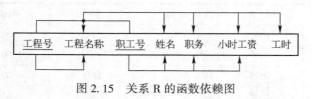

图 2.15　关系 R 的函数依赖图

分析表 2.4 中满足 1NF 的关系 R，其中存在大量数据冗余，这种数据冗余可能会导致下列数据异常和数据不一致性问题。

1）更新异常：由于数据冗余，因此修改一个数据，必将引起多处更新操作。例如，若要修改工程师的小时工资，则必须修改所有工程师的小时工资。

2）插入异常：无法插入某些数据。例如，要添加一个没有参与工程的职工，即工程号为空值的元组，则无法插入，除非给这名职工分配一个工程，或者分配一个虚拟的工程。

3）删除异常：执行删除操作，可能导致信息丢失。例如，要删除职工号为 1004 的元组，则有可能丢失律师的相关信息，因为只有他一个人是律师。

产生上述异常的原因是关系 R 中存在部分依赖，即工程名称、姓名、职务、小时工资等属性部分依赖于主键<工程号，职工号>，解决的方法是对关系进行分解，消除部分依赖，使关系 R 满足 2NF。

3. 第二范式

如果关系 $R \in 1NF$，且每一个非主属性都完全函数依赖于 R 的主键，则称 R 属于第二范式，记作 $R \in 2NF$。

第二范式的关系不允许任何非主属性部分依赖于主键。显然，以单个属性为主键的关系自动进入 2NF，因为它不可能存在部分函数依赖。

由于表 2.4 的关系 R 中存在部分依赖

工程号，职工号→工程名称，姓名，职务，小时工资，工时

因此，关系 R 不属于 2NF，需要对它进行分解。从 1NF 向 2NF 的转化方法也很简单。关系模式分解的原则是让所有决定属性项成为一个关系的主键，并使相应的依赖属性成为该关系的非主属性。以表 2.4 中的 1NF 关系 R 为例，说明从 1NF 向 2NF 的转化方法。

1）将关系 R 中 FD 集的所有决定属性项分别写在每一行上，作为新关系的主键。

工程号

职工号

工程号，职工号

2）在每个新关系的主键之后，写上函数依赖该主键的非主属性，生成新的关系模式。由于工时属性完全函数依赖于<工程号，职工号>，因此，将工时属性放在酬金表中。将关系 R 分解成满足 2NF 的 3 个关系

工程（工程号，工程名称）$\in$ 2NF

职工（职工号，姓名，职务，小时工资）$\in$ 2NF

酬金（工程号，职工号，工时）$\in$ 2NF

经过分解后的关系如图 2.16 所示。

工程

工程号	工程名称
A1	花园大厦
A2	立交桥
A3	临江饭店

酬金

工程号	职工号	工时
A1	1001	13
A1	1002	16
A1	1004	19
A2	1001	15
A2	1003	17
A3	1002	18
A3	1004	14

职工

职工号	姓名	职务	小时工资
1001	齐光明	工程师	65
1002	李思岐	技术员	60
1003	鞠明亮	技术员	60
1004	葛宇洪	律师	60

图 2.16　满足 2NF 的关系

第二范式的关系可能还会有数据冗余现象。分析图 2.16 中的职工关系（假设鞠明亮的职务已由工人变为技术员），存在某些数据冗余，因为多名职工具有同一种职务，且职务决定小时工资，所以同样职务的小时工资重复出现多次，重复次数与具有这种职务的人数相同。这种数据冗余也可能引起下列数据异常。

1）更新异常。假设要修改技术员的小时工资，就必须修改所有职务为技术员的小时工资。

2）添加异常。无法添加当前职工中没有的新职务，因为职工号为空，将违背实体完整性规则。

3）删除异常。如果要删除职工号为 1004 的元组，由于只有他一个人具有律师职务，就会丢失律师的信息。

职工关系中存在上述数据异常的原因是存在传递函数依赖，即小时工资传递函数依赖于职工号。

4. 第三范式

如果关系 $R \in 2NF$，且 R 中不存在传递函数依赖性，则关系 R 属于第三范式，记作 $R \in 3NF$。满足 3NF 的表中不存在传递函数依赖，即没有一个非主属性依赖于另一个非主属性，或者说没有一个非主属性决定另一个非主属性。

由于图 2.16 的职工关系中小时工资传递函数依赖于职工号，因此，职工关系不属于 3NF。可以通过分解的方法消除传递函数依赖，使关系满足 3NF。将图 2.16 中职工关系分解成职工和级别两个关系，消除传递函数依赖。由于职务不是原职工关系中主键的组成部分，为了保持职工与级别关系的联系，将职务属性作为外键保留在新职工关系中。关系 R 分解成 4 个满足 3NF 的关系

职工（职工号，姓名，职务）$\in 3NF$

级别（职务，小时工资）$\in 3NF$

工程（工程号，工程名称）$\in 3NF$

酬金（工程号，职工号，工时）$\in 3NF$

在绝大多数情况下，如果一个数据库中的所有关系都满足 3NF，就基本达到了数据库设计的目标。然而，在实际应用中，偶尔也会有一些特殊的例外。例如，虽然上述 4 个关系都属于 3NF，但是有一个潜在的实际问题需要考虑，即每当添加一个新职工，都必须输入职务，如果用代码代替职务输入，将会大大地降低数据输入的烦琐程度。所以，在级别关系中增加一个职务代码属性，作为级别关系的主键和职工关系的外键。最终的 4 个关系为

工程（<u>工程号</u>，工程名称）

职工（<u>职工号</u>，姓名，<u>职务代码</u>）

级别（<u>职务代码</u>，职务，小时工资）

酬金（<u>工程号</u>，<u>职工号</u>，工时）

这种设计可能增加了级别关系的数据冗余，但是级别关系不会很大，用这种微小的数据冗余换取数据输入操作的简化是值得的。这种数据冗余和可能引发的数据异常与原来酬金与职工关系中存在的部分和传递函数依赖导致的数据异常有程度上的差别。

总之，在实际应用中，有时为了系统的效率或其他需要，可能会保留一定的数据冗余，但一定要充分估计到数据冗余可能产生的后果，权衡利弊。

本 章 小 结

1970 年，IBM 公司的研究员 E. F. Codd 提出了数据库的关系模型，开创了数据库关系方法和关系理论研究的先河，这是对数据库技术研究的一个重大突破。它简单的原理引发了一场数据库技术的革命。本章介绍了 E. F. Codd 提出的关系模型的基本概念。

以关系理论为基础，用二维表结构表示实体以及实体之间联系的模型称为关系模型。关系的基本结构是表（Table），表又称为关系。在关系模型中，数据是二维表中的元素，操作的对象和结果都是二维表，实体和实体之间的联系均用二维表结构表示。表中的一行称为一个元组，一列称为一个属性，属性的取值范围称为域。每个关系必须有一个主键，主键能够唯一地标识一个元组。一个关系数据库由若干相互关联的表组成，表与表之间通过在一个表中包含另一个表的主键（公共属性）的方法实现联系，使原本独立存储的表建立了联系，构成一个完整的逻辑整体。

数据完整性是指数据的正确性和有效性。数据完整性包括实体完整性、参照完整性和用户自定义完整性，其中前两个完整性又称为关系完整性约束，是每一个关系必须具备的完整性规则。关系完整性规则对主键和外键的取值是一个约束，级联更新和级联删除是对参照完整性的进一步强制。

关系代数是关系操作语言的理论基础。关系数据库操作语言是关系代数的具体实现，关系代数有选择、投影、并、差和笛卡儿积 5 种基本运算，还有交、连接、除 3 种扩展的关系运算，它们可以用基本关系运算来定义。连接运算可以将多个相互独立的表按照一定的条件连接起来，实现多个表之间的数据操作。从两个关系的笛卡儿积中选取属性值相等的元组以构成新关系称为内连接。自然连接是以公共属性值相等为条件的连接运算，且消除重复属性。自然连接是最常用的连接运算。在连接的结果中，除了满足连接条件的元组之外，还包含左关系中不满足连接条件的元组，而其对应于右关系的属性上填空值（NULL），这种连接称为左外连接。这些关系代数运算将在第四章的数据库操作语言具体实现。

　　尽管关系数据模型可使数据冗余控制在最低程度，消除在文件系统中常见的大量数据冗余问题，但是如果关系的结构设计不合理，照样会重蹈文件系统的覆辙，这也是数据库阶段还要提起文件系统缺陷的原因。关系规范化是消除关系中数据冗余和数据异常问题的理论与方法，包括函数依赖性、完全函数依赖、部分函数依赖、传递函数依赖、第一范式、第二范式、第三范式。一般情况下，达到第三范式的关系就是合理的。

习　　题

一、名词解释

关系、元组、属性、属性域、超键、候选键、主键、外键。

二、简答题

1. 简述关系的性质。

2. 说明关系数据库实现数据之间联系的方法。

3. 什么是实体完整性和参照完整性？

4. 什么是关系代数的选择、投影、并、差、笛卡儿积、交和连接运算？

5. 什么是自然连接？

6. 什么是左外连接、右外连接？

7. 外连接与自然连接的区别是什么？

三、单项选择题

1. 下列对关系性质的描述中，错误的是　　　　　　　　　　　　　　　　　　　【　　】

　　A. 表中的一行称为一个元组　　　　　　B. 行与列交叉点不允许有多个值

　　C. 表中的一列称为一个属性　　　　　　D. 表中任意两行可能相同

2. 在数据库系统中，空值是　　　　　　　　　　　　　　　　　　　　　　　　【　　】

　　A. 0　　　　　　　　B. 空格　　　　　　C. 空字符串　　　D. 不确定

3. 参照完整性是指关系中　　　　　　　　　　　　　　　　　　　　　　　　　【　　】

　　A. 主键不允许取空值　　　　　　　　　　B. 外键必须是有效值或空值

　　C. 允许主键取空值　　　　　　　　　　　D. 允许外键取空值

4. 已知关系 R 与 S 如下图所示

R

A	B	C
11	22	33
21	22	23

S

D	A
11	21
22	NULL
33	33
44	11

在关系 S 中，违反参照完整性约束的元组是　　　　　　　　　　　　　　　　　【　　】

　　A. (11,21)　　　　　B. (22,NULL)　　　C. (33,33)　　　　D. (44,11)

5. 已知关系 R 和 S，R∩S 等价于　　　　　　　　　　　　　　　　　　　　　【　　】

　　A. (R−S)−S　　　　B. S−(S−R)　　　　C. (S−R)−R　　　　D. S−(R−S)

6. 实体完整性是指关系中　　　　　　　　　　　　　　　　　　　【　　】
　　A. 不允许有空行　　　　　　　　　　B. 属性值不允许为空值
　　C. 主键不允许为空值　　　　　　　　D. 外键不允许为空值

7. 关系 R 和 S 各有 10 个元组，则关系 R×S 的元组个数为　　　　【　　】
　　A. 10　　　　　　　B. 20　　　　　　　C. 100　　　　　　D. 不确定

8. 从关系中选择指定的属性组成新关系的关系运算是　　　　　　　【　　】
　　A. 选取　　　　　　B. 投影　　　　　　C. 连接　　　　　　D. 笛卡儿积

9. 有关系：学生(学号,姓名,性别,专业,宿舍编号,宿舍地址)，主键是　【　　】
　　A. 宿舍编号　　　　　　　　　　　　　B. 学号
　　C. 宿舍地址、姓名　　　　　　　　　　D. 宿舍编号、学号

10. 有两个关系：部门(编号,部门名称,地址,电话)和职工(职工号,姓名,性别,职务,编号)，职工关系的外键是　　　　　　　　　　　　　　　　　　　　【　　】
　　A. 职工号　　　　　　　　　　　　　　B. 编号
　　C. 职工号，编号　　　　　　　　　　　D. 编号，部门名称

11. 若关系 R1 和 R2 的结构相同，各有 10 个元组，则 R1∪R2 的元组个数为　【　　】
　　A. 10　　　　　　B. 小于或等于 10　　C. 20　　　　　D. 小于或等于 20

12. 有关系 R 和 S，能够把 R 中不满足连接条件的元组保留在结果关系中的运算是
　　　　　　　　　　　　　　　　　　　　　　　　　　　　　　　【　　】
　　A. 左外连接　　　　B. 右外连接　　　　C. 自然连接　　　　D. 等值连接

13. 设关系 R(A,B)和 S(B,C)中分别有 10、15 个元组，属性 B 是 R 的主键，则 R⋈S 中元组数目的范围是　　　　　　　　　　　　　　　　　　　　　　【　　】
　　A. （0,15）　　　　B. （10,15）　　　　C. （10,25）　　　　D. （0,150）

14. 设有关系 R 和 S，如下图所示，则关系 R ⋈ S 的
　　　　　　　　　　　　　　　　　　　B<D
元组数目是　　　　　　　　　　　　　【　　】
　　A. 6
　　B. 7
　　C. 8
　　D. 9

R		
A	B	C
1	2	3
1	3	4
2	4	5

S	
C	D
3	4
4	5
5	6

15. 设有关系 R 和 S，如下图所示，R 的主键是编号，S 的主键是学号、外键是编号。

R	
编号	系名称
C_1	数学
C_2	物理
C_3	英语

S		
学号	姓名	编号
S_1	王舒	C_1
S_2	兰婷	C_3

若有如下 4 个元组

Ⅰ：(S_3，李林，C_2)

Ⅱ：(S_1，江荷，C_1)

Ⅲ：(S_4，田玉，C_4)

Ⅳ：(S_5，康嘉，NULL)

能够插入关系 S 的元组是 【　　】

    A. Ⅰ、Ⅱ、Ⅳ   B. Ⅰ、Ⅲ   C. Ⅰ、Ⅱ   D. Ⅰ、Ⅳ

16. 已知关系 R，如下图所示，可以作为主键的属性组是 【　　】

    A. ABC

    B. ABD

    C. ACD

    D. BCD

R

A	B	C	D
1	2	3	4
1	3	4	5
2	4	5	6
1	4	3	4
1	4	4	7
3	4	5	6

17. 关系 R 和 S 分别有 20、15 个元组，则 R∪S、R−S、R∩S 的元组数不可能是 【　　】

    A. 29、13、6   B. 30、15、5   C. 35、20、0   D. 28、13、7

18. 设关系 R 和 S 的属性数目分别是 a 与 b，则关系 R×S 的属性数目是 【　　】

    A. $a+b$ B. $a-b$ C. $a×b$ D. a/b

19. 如果关系模式 R 属于 1NF，且每个非主属性都完全函数依赖于 R 的主键，则 R 属于 【　　】

    A. 1NF   B. 2NF   C. 3NF   D. 非规范化关系

20. 有学生关系 R（学号，姓名，系名称，系地址），每一名学生属于一个系，每一个系有一个地址，则 R 属于 【　　】

    A. 1NF   B. 2NF   C. 3NF   D. 非规范化关系

21. 在订单管理中，客户一次购物（一张订单）可以订购多种商品。有订单关系 R（订单号，日期，客户名称，商品编码，数量），则 R 的主键是 【　　】

    A. 订单号   B. 订单号，客户名称

    C. 商品编码   D. 订单号，商品编码

22. 第 20 题中的关系 R 属于 【　　】

    A. 1NF   B. 2NF   C. 3NF   D. 非规范化关系

四、解答题

1. 设有下列 4 个关系模式。

供应商关系：S(SNO,SNAME,CITY)，属性依次是供应商号、供应商名称和所在城市。

零件关系：P(PNO,PNAME,COLOR)，属性依次是产品号、品名和颜色。

工程关系：J(JNO,JNAME,CITY)，属性依次是工程号、工程名和所在城市。

供应关系：SPJ(SNO,PNO,JNO,QTY)，属性依次是供应商号、产品号、工程号和数量。

试用关系代数完成下列操作：

1）给 J_1 工程供应零件的所有供应商号。

2）给 J_1 工程供应 P_1 零件的供应商号。

3）给工程 J_1 供应红色零件的供应商号。

4）没有使用天津供应商生产的红色零件的工程号。

5）由 S_1 供应商供应零件的所有工程号。

2. 有一个关系模式

$$R(商品编号，品名，数量，部门编号，部门名称，负责人)$$

如果规定：

1）商品有商品编号、品名、数量等属性。

2）部门有部门编号、部门名称和负责人等属性。

3) 每种商品只在一个部门销售。

4) 每个部门只有一个负责人。

试回答下列问题：

1) 根据上述规定写出 R 的基本函数依赖。

2) 找出 R 的候选码。

3) 试问 R 最高达到第几范式？为什么？

4) 如果 R 不属于 3NF，则将 R 分解成 3NF 模式集。

3. 假设当前使用一个手工操作的学生文档，其文档的格式如下图所示。

学号	学生姓名	课程号	课程名	分数	教师姓名	教师办公室
1345	董丽明	C2141	微机原理	85	王建明	五号楼 101
		A2321	会计原理	76	康立辉	五号楼 406
1238	柯庆国	INF01	信息系统	88	姜克明	四号楼 403
		A2321	会计原理	97	康立辉	五号楼 406
		C2141	微机原理	75	王建明	五号楼 101

假设规定：

1) 一名学生可以选修多门课程，且一门课程有多人选修。

2) 一门课程仅有一个教师讲授，一名教师可以讲授多门课程。

3) 学生学习的每一门课程都有一个分数。

4) 每一名教师有一个办公室，一个办公室有多名教师。

如果依据上述文档和规定，设计一个关系模式

R(学号,学生姓名,课程号,课程名,分数,教师姓名,教师办公室)

则要求：

1) 找出 R 的候选键。

2) 写出关系 R 的基本函数依赖集，并画出函数依赖图。

3) 判断 R 最高达到第几范式，说明理由。

4) 如果有必要，则将 R 分解成满足 3NF 的关系。

4. 假设公司的订单业务规定：

1) 订单号是唯一的，每一个订单对应一个订单号。

2) 一个订单可以订购多种产品，每一种产品可以在多个订单中出现。

3) 一个订单有一个客户，且一个客户可以有多个订单。

4) 每一个产品编号对应一种产品的品名和单价。

5) 每一个客户有一个确定的名称和电话号码。

根据上述规定设计一个关系模式

R(订单号,日期,客户名称,电话号码,产品编码,品名,单价,数量)

要求：

1) 找出 R 的候选键。

2) 写出 R 的基本函数依赖集，并画出函数依赖图。

3) 判断 R 最高达到第几范式，说明理由。

4) 给出一个可能的满足 3NF 的关系。

第三章　数据库设计

学习目标：

1. 了解数据库设计的步骤。
2. 熟练掌握 E-R 模型的概念和设计方法。
3. 熟练掌握 E-R 模型转换成关系模型的规则。
4. 能够根据简单的业务规则设计 E-R 模型，并将它转换成关系模型。

建议学时： 4 学时。

教师导读：

1. E-R 模型是数据库概念模型设计的重要工具和常用方法，它用几个简单的图形元素描述客观世界复杂的事物及事物之间的联系。E-R 模型是本章讲授的重点内容。
2. 本章以一个小型数据库应用系统作为示例讲授 E-R 模型设计的方法，并将这个示例转换成关系模型。

第一节　数据库设计概述

数据库是 MIS（管理信息系统）、DSS（决策支持系统）、ECS（电子商务系统）的基础和重要组成部分。数据库设计是指对一个给定的应用环境，构造（设计）最优的数据模型，然后据此建立数据库及其应用系统，使之能够有效地存储数据，满足各种用户的应用需求。

数据库设计的优劣将直接影响信息系统的质量和运行效果。设计一个结构优化的数据库是对数据进行有效管理的前提和产生正确信息的保证。

一、数据库设计方法

在现实世界中，信息结构复杂、应用环境千变万化，人们努力探索数据库设计的方法和规范，如新奥尔良（New Orleans）、基于 3NF（第三范式）、实体-联系（E-R）模型、面向对象模型、计算机辅助设计等多种方法。这些方法各有所长。

1）新奥尔良方法。将数据库设计分为需求分析、概念结构设计、逻辑结构设计、物理结构设计四个阶段。在每一个设计阶段使用一些辅助设计工具，如数据流程图、业务流程图等，运用软件工程的思想，是一种规范的设计方法。

2）基于 3NF 的设计方法。基于关系规范化理论进行数据库设计，在第二章第五节已经详细介绍。

3）E-R 模型方法。这种方法将客观事物抽象为实体，事物之间的联系抽象为实体之间的联系，称为 E-R 模型。用 E-R 模型描述现实世界复杂的事物及其联系。E-R 模型是一种成熟和较为常用的数据库设计方法。

4）面向对象（Object Oriented，OO）数据库设计方法。这种方法采用面向对象的概念构造对象模型，再将对象模型转换为数据库结构。目前，面向对象的数据库管理系统尚无成熟的产品。

二、数据库设计的基本步骤

按照规范的数据库设计方法和数据库建设任务，将数据库设计步骤分为以下 6 个阶段，如图 3.1 所示。

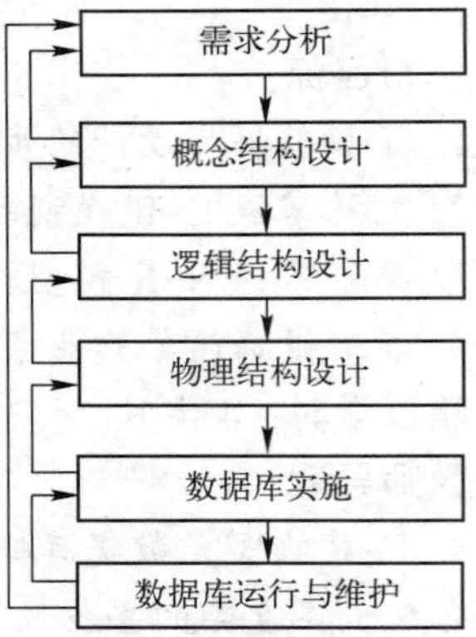

实际上，数据库设计是一个不断反复、逐步完善的过程。下面简要说明各阶段的主要任务。

1. 需求分析

需求分析阶段的任务是通过详细的调查研究，充分了解用户对信息处理和数据的需求，确定系统的功能和每个功能对数据的需求，以及用户对数据完整性约束条件和安全性等要求。需求分析是整个数据库应用系统开发的基础，也是其后各个阶段的设计依据，能否正确和全面地了解用户实际要求，将直接影响系统开发的成败和优劣。

图 3.1　数据库设计的基本步骤

2. 概念结构设计

概念结构设计的目标是产生反映用户信息需求的概念模型。概念模型独立于计算机硬件和实现数据库的 DBMS 软件，即概念结构设计阶段不必考虑具体的计算机软硬件设备。

概念模型的特点如下：

- 简单明确表达用户业务环境数据需求、数据之间联系、数据约束条件。
- 易于交流和理解，便于设计人员和用户之间沟通与交流。
- 易于向各种数据模型转换，独立于具体的 DBMS 软件。

最常用的概念模型的表示方法是 E-R 模型。虽然 E-R 模型只有几个基本的元素，但能够表达现实世界复杂的数据、数据之间的联系和约束条件。E-R 模型转换成关系模型的规则十分简单，使用方便。

3. 逻辑结构设计

逻辑结构设计的任务就是把概念模型转换成所选择的 DBMS 支持的数据模型（关系、层次或网状数据模型）。当前，绝大多数逻辑结构设计是将概念模型转换成关系模型。因此，本章第三节将重点讨论 E-R 模型向关系模型转换的规则。

4. 物理结构设计

数据库最终是要存储在物理设备上的。数据库在计算机物理设备上的存储结构与存取方法称为数据库的物理结构，它依赖于一个计算机系统的软件和硬件设备。物理结构设计是为一个给定的逻辑结构选取一个最适合应用环境的物理结构的过程。不同的 DBMS 所要求的物理结构设计内容不同，而且差别很大。层次和网状模型要求物理结构的设计比较复杂，而关系模型对物理层设计的要求很少，且仅有的一些要求也是由 DBA 实现的。这是关系模型的一个重要特点。

5. 数据库实施

确定了数据库的逻辑结构和物理结构，就可以利用 DBMS 提供的数据定义功能创建数据库和定义表结构，这些是本书的重点内容，将分别在第四、五章介绍。

6. 数据库运行与维护

在数据库的基本设计与应用开发工作完成之后，系统进入运行与维护阶段。数据库运行与维护阶段的主要任务如下。

（1）维护数据库的安全性和数据完整性

按照用户提出的安全性和数据完整性要求，实施授权机制和设定密码，检查系统的安全性和可靠性，实施备份任务。

（2）监测并改善数据库性能

对数据库存储空间的状况和响应速度进行分析评价，压缩数据库空间，及时调整系统的运行状况。

（3）增加新的功能和数据

要根据用户工作环境的扩大，适时地向数据库增加一些新数据和新功能。

（4）纠错性维护

在系统运行过程中，可能发生某些错误，需要纠正错误和进一步完善系统的功能。

第二节　实体-联系（E-R）模型

概念模型是从用户需求的观点出发对数据库建模，在概念上表达数据库中将存储一些什么信息，而不管这些信息在数据库中是怎么实现存储的。概念模型将真实地描述用户应用环境中所有相关的事物及事物之间的联系，是系统设计人员对整个应用系统中数据的全面描述。

1976 年，Peter Chen 首次提出了用实体-联系（Entity-Relation，E-R）的简单方法来描述用户环境中复杂的事物及其联系。这种方法认为，对于现实世界复杂的事物及其联系，可以用一组称为实体的基本对象及其联系来描述。实体是需要存储的客观事物，客观事物存在相互之间的联系，所以实体之间也存在相互联系。E-R 模型是一种概念模型，它以简单和直观的方式描述用户的数据需求，表达数据及数据之间的联系。

一、E-R 模型的基本概念

1. 实体

客观存在并且可以相互区别的事物称为实体。例如，一个客户、一个订单、一个部门都是一个实体。实体是用户应用环境中将要搜集和存储的数据对象。

2. 实体集

实体集是具有相同性质的实体的集合，例如，公司的所有客户、所有订单、所有订单明细都是一个实体集。在 E-R 图中，实体集用矩形框表示，如图 3.2 中的客户实体集。

3. 属性

属性是指实体集中每一个实体所具有的性质，用于描述实体的特征，例如，客户有客户编号、客户名称、客户地址、联系电话等属性。在 E-R 图中，属性用圆角矩形框表示，如图 3.2 所示。

4. 键（关键字）

键是能够唯一标识一个实体的属性或属性组。例如，在客户实体集中，每一个客户都有

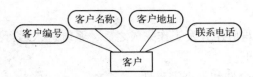

图 3.2　客户实体集的 E-R 图

唯一的客户编号，客户编号是客户实体集的键。在 E-R 图中，键对应的属性加下画线，如图 3.3 中的客户编号加了下画线。

5. 联系

一个实体与另一个实体之间存在的相互关系称为联系。例如，客户与订单存在一种"所有"联系，一个客户有多个订单，反之，一个订单必属于一个客户。在 E-R 图中，联系用菱形框表示，例如，客户与订单实体集的联系，如图 3.3 所示。联系也可以有属性。

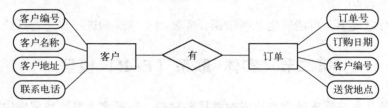

图 3.3　联系的表示方法

6. 联系的类型

在 E-R 模型中，用联系类型来描述实体之间联系的特点。实体之间的联系类型有三种：一对一、一对多、多对多。到底属于哪一种联系类型，完全取决于具体的业务规定。

（1）一对一联系

如果实体集 A 中每一个实体至多与实体集 B 中一个实体相联系，反之亦然，则称实体集 A 与实体集 B 之间存在一对一联系，记作 1:1。

在 E-R 模型中，实体集 A 与 B 之间一对一联系的表示方法如图 3.4 所示，分别用箭头指向 A 和 B，表示一对一联系。某些书中表示联系的方法是做标注，如图 3.5 所示。本书采用简单的描述方法。

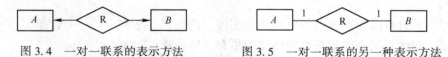

图 3.4　一对一联系的表示方法　　　图 3.5　一对一联系的另一种表示方法

例 3.1　假设有学校关于学生住宿的规定：一个床位只能分配给一个学生，且一个学生只能占用一个床位。学生可能不住宿，床位也可能是空闲的。

学生实体集中的一个实体（一名学生）只能与床位实体集的一个实体（一张床）相联系，反之，也是如此，则学生与床位实体集之间是一对一联系，如图 3.6 所示。

（2）一对多联系

如果对于实体集 A 中每一个实体，实体集 B 中有多个实体与之联系，反之，实体集 B 中的每一个实体只能与实体集 A 中的一个实体相联系，则称实体集 A

图 3.6　学生与床位联系的 E-R 图

与实体集 B 之间存在一对多联系，记作 $1:M$。

在 E-R 图中，实体集 A 与 B 之间一对多联系的表示方法如图 3.7 所示，箭头指向 A。一对多联系的另一种表示方法如图 3.8 所示。

图 3.7　一对多联系的表示方法　　　图 3.8　一对多联系的另一种表示方法

例 3.2　一个客户有多个订单，且一个订单只能属于一个客户。

客户实体集中的一个客户与订单实体集中的多个订单相联系；反之，订单实体集中的一个订单只能与客户实体集中的一个客户相联系，所以，实体集客户与订单之间存在 $1:M$ 联系，用 E-R 模型表示的方法如图 3.9 所示，箭头指向"一"方向，箭尾表示"多"方向。

图 3.9　客户与订单实体集之间存在 $1:M$ 联系

（3）多对多联系

如果实体集 A 中的一个实体可以与实体集 B 中的多个实体相联系，反之亦然，则称实体集 A 与实体集 B 之间存在多对多联系，记作 $M:N$。

在 E-R 图中，实体集 A 与 B 之间多对多联系的表示方法如图 3.10 所示。多对多联系的另一种表示方法如图 3.11 所示。

图 3.10　多对多联系的表示方法　　　图 3.11　多对多联系的另一种表示方法

例 3.3　已知一个订单中可以订购多种商品，且一种商品可能在多个订单中出现。

订单实体集中的一个订单与商品实体集中的多种商品相联系；反之，商品实体集中的一种商品与订单实体集中的多个订单相联系，则订单与商品实体集之间是 $M:N$ 联系，E-R 模型表示的方法如图 3.12 所示。

图 3.12　订单与商品实体集之间是 $M:N$ 联系

实际上，在一个实体集内部，实体之间也可能存在一对一、一对多和多对多 3 种联系类型。

二、E-R 模型设计示例

在各类企业的业务处理中，客户、商品和订单处理是最基本和普遍的业务，这也是数据库设计中典型的难点问题。用 E-R 模型方法，从现实世界中实际的业务表格开始，将这些事物及事物之间的联系抽象为 E-R 模型，最后转换为关系模型。实际上，职工、工程项目和酬金，以及学生、课程和成绩等，只不过是订单问题的"举一反三"，所以，透彻理解例 3.4 的设计思路，就可以应对大多数的数据库建模问题。

例 3.4 假设在盛达公司的业务管理中使用客户、商品和订单 3 种表，如图 3.13 所示。根据图中的示例，分析实体集及实体集之间的联系，并画出 E-R 图。

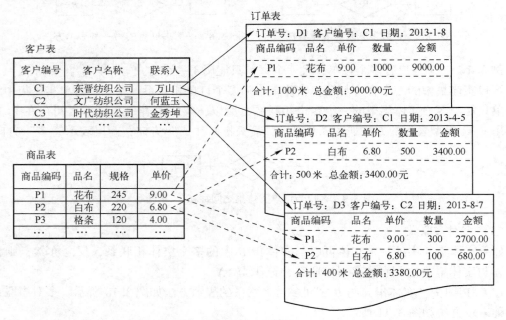

图 3.13　盛达公司业务管理的三种表格示例

示例分析：一个客户有多个订单（如客户 C1 有订单 D1、D2），且一个订单只属于一个客户（如订单 D1 只属于客户 C1）；一个订单包括多种商品（如订单 D3 包括商品 P1 和 P2），且多个订单中可能订购同一种商品（如订单 D1 和 D3 都包含商品 P1）。

设计方法一：直接将客户、商品和订单表抽象为 3 个实体集，客户实体集的键是客户编号，商品实体集的键是商品编号，客户与订单实体集之间是一对多联系，商品与订单实体集之间是多对多联系，可以画出 E-R 图，如图 3.14 所示。图 3.13 中订单表的金额、合计可以通过计算获得，可以省略。

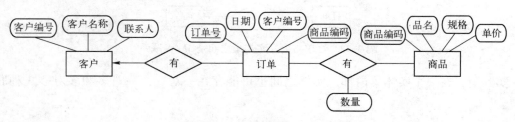

图 3.14　第一种设计方法的 E-R 图

设计方法二：将订单分解为订单和订单明细两个实体集，如图 3.15 所示。一个订单有多个订单明细（如订单 D3 有订单明细<D3,P1>和<D3,P2>行），反之，订单明细中的一行只属于一个订单（如订单明细<D3,P1>只属于订单 D3），因此，订单和订单明细实体集之间是一对多联系；一种商品可以在多个订单明细中出现（如商品 P1 包含在订单明细<D1，P1>和<D3，P1>中），且订单明细中的一行只对应一种商品（如订单明细<D3,P1>对应商品 P1），所以，商品与订单明细实体集之间是一对多联系。按照这种分析思路，可将设计方法一中订单与商品实体集之间多对多联系变换成两个一对多联系，由此画出 E–R 图，如图 3.16 所示（在某些实际的应用系统中，将订单分为订单表头和订单明细）。

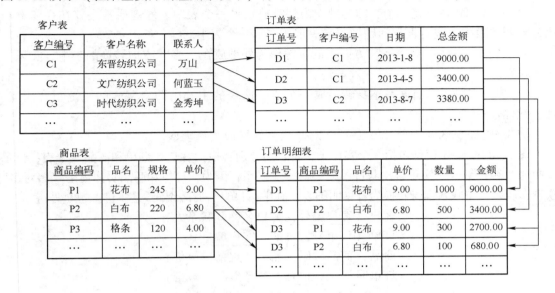

图 3.15　订单与订单明细实体集

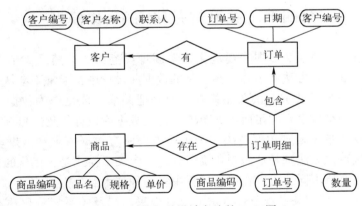

图 3.16　第二种设计方法的 E–R 图

上述两种设计方法都是正确的，且两个 E–R 模型是等价的。相比之下，第二种设计方法更优，因为关系数据库不能直接实现多对多联系。在将 E–R 模型转换为关系模型时，多对多联系必须变换成一对多联系。第二种设计方法要求用户对实际的业务规则有更深刻的理解和数据库设计经验。

第三节　E-R 模型转换成关系模型

在 E-R 模型向关系模型的转换中，实体集和联系的转换规则如下。

1）实体集：每一个实体集创建一个同名且具有相同属性集的表，键作为表的主键。

2）一对一联系：将一个表的主键作为外键放在另一个表中。外键通常是放在存取操作比较频繁的表中，或者根据问题的语义决定放在哪一个表中。

3）一对多联系：将"一"方向表的主键作为外键放在"多"方向转换的表中，实现一对多联系。

4）多对多联系：将联系本身转换成一个表，该表的主键由两个父表的主键组合而成，且主键也是外键。

例 3.5　将例 3.4 中设计方法一的 E-R 模型转换成关系模型。

图 3.14 的 E-R 模型包括 3 个实体集，将它们分别转换为客户、订单和商品 3 个表；订单表中的"客户编号"实现客户与订单"一对多"联系；因为，订单和商品实体集是"多对多"联系，所以，将联系本身转换为订单明细表，其中<订单号,商品编码>是主键，也是外键。

客户（<u>客户编号</u>，客户名称，联系人）

订单（<u>订单号</u>，日期，客户编号）

商品（<u>商品编码</u>，品名，规格，单价）

订单明细（<u>订单号</u>，<u>商品编码</u>，数量）

例 3.4 中设计方法二的 E-R 模型的转换结果与设计方法一是一致的。

第四节　关系规范化与 E-R 模型

在第二章第五节，将表 2.2 中非规范化关系逐步规范为一组满足 3NF 的关系模式，并详细说明了规范化处理的方法和步骤。在实际的数据库设计中，通常不会从一个不好的表开始一步步规范化到一组满足 3NF 的关系模式，而是把关系规范化作为数据库设计过程中的一个步骤，判断表的结构是否满足所需的范式，达到数据库设计优化的目标。

E-R 模型方法主要从宏观角度解决一个企业内部所有数据需求和数据联系的概念模型设计问题，关系规范化方法则是从微观角度研究每一个关系模式是否优化的问题。这两种方法的侧重点和效果有所不同，可以在设计过程中将两种技术混合应用。

为了说明 E-R 模型和关系规范化方法的互补效果，以及关系规范化在数据库设计过程中的作用，重新研究第二章第五节"关系规范化简介"中的示例。将某建筑公司的业务归纳如下：

1）公司承担多个工程项目。

2）每个工程项目需要多名职工参与，且每名职工参与多个工程项目。

3）每名职工至少要参与一个工程项目。

4）每名职工有一个主要职务，决定本人的小时工资（每小时的报酬）。

5）可能有多名职工具有相同的职务，例如，公司聘用了多名电气工程师。

6）公司按照职工在每个工程项目中完成的工时和小时工资计算实发工资。

根据上述简单的业务规则，设计初步的 E-R 图，如图 3.17 所示。

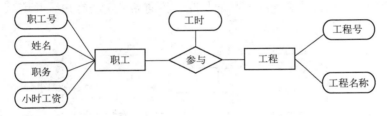

图 3.17　初步的 E-R 图

将 E-R 模型转换成 3 个关系模式

工程（<u>工程号</u>，工程名称）

职工（<u>职工号</u>，姓名，职称，小时工资）

酬金（<u>工程号</u>，<u>职工号</u>，工时）

判断上述 3 个关系模式的规范化程度：

1）工程关系属于 3NF。

2）职工关系不满足 3NF，因为小时工资传递函数依赖于职工号，需要分解。

3）酬金关系属于 3NF。

将职工关系分解为职工和级别两个关系，消除其中的传递函数依赖，最终的设计结果有 4 个关系模式：

职工（<u>职工号</u>，姓名，职务）∈ 3NF

级别（<u>职务</u>，小时工资）∈ 3NF

工程（<u>工程号</u>，工程名称）∈ 3NF

酬金（<u>工程号</u>，<u>职工号</u>，工时）∈ 3NF

这个应用示例说明了两种方法在设计过程中各自的作用。首先，用 E-R 模型准确地描述了企业所有的数据需求和数据联系，然后，将每一个关系规范到 3NF，获得合理的表结构。

第五节　数据库设计综合示例

本节选取一家小型公司的库存管理系统作为应用示例，对其业务流程做了适当简化。这个示例贯穿本书多个章节，形成一个完整的案例，呈现数据库设计和实现的全过程。

一、需求分析

1. 公司业务流程

假设盛达商贸公司经营几千种纺织商品，商品存放在一个仓库中，仓库管理的业务流程图如图 3.18 所示，图中点画线框内的是仓库管理的业务流程：

1）供应商根据公司的采购合同将商品送到仓库，经过仓库管理员验收后，商品入库并填写入库单，记录商品入库的信息。

2）公司销售人员承接客户的订单，并向仓库提交一份订单和订单明细，作为仓库发货的指令。

3) 仓库管理员根据订单和库存商品的状况，将商品发送给客户，并填写出库单。

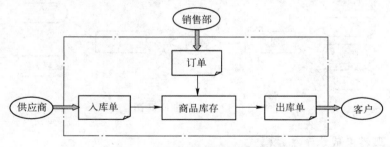

图 3.18　仓库管理的业务流程图

2. 业务流程中使用的数据分析

1) 在仓库管理中，需要维护商品、供应商、客户、职工等基础信息，这些信息的格式如下：

商品

商品编码	品名	颜色	花型	规格（cm）	库存数量（米）	最高库存（米）	最低库存（米）	参考价格（元）
P01222	平纹花布	玉色	玫瑰花	245	2401	3000	1000	15.30

供应商

厂商编号	厂商名称	联系人	地址	电话号码
200110	辉江纺织公司	葛守坚	南通纺织城	663541

客户

客户编号	客户名称	联系人	地址	电话号码
102334	嘉盛公司	李丽君	闸北区新阳路	652111

职工

职工号	姓名	性别	出生年月	入职日期	电话号码	职务
206	王海山	男	1986.5.6	2005.4.1	1356874996	销售员

2) 当供应商送货时，仓库管理员验收合格后填写的入库单和入库明细格式如下：

入库单号：<u>2022122</u>　　　　　　　入库单　　　　　　　经办人签字：史晓云

厂商编号	215011	厂商名称	清源印染厂
送货日期	2022/5/19	来单编号	NK2112588

入库明细

商品编码	品名	规格（cm）	颜色	花型	数量（米）	进价（元）
P23124	平纹印花	260	洋红	礼花	3500	12.80
P20025	提花	245	米白	浪花	2450	13.00

3）当销售人员承接一个客户的订单后，填写一个订单和订单明细，作为商品出库和送货的依据。订单和订单明细的表单格式如下：

订单号：2022181　　　　　　　　　**销售订单**　　　　　　　　　经办人：康佳林

客户编号	C501	客户名称	广西晨兴公司	签订日期	2022/7/9
收货地址	桂林光明路	接货人	齐晓峰	联系电话	1865588899
订单明细					

商品编码	品名	规格（cm）	颜色	花型	数量（米）	单价（元）	订购金额（元）
P23124	平纹印花	260	洋红	礼花	150	15.00	2250.00
P20025	提花	245	米白	浪花	100	14.50	1450.00

总金额：37,000.00 元

4）根据客户的订单、订单明细和库存商品的在库数量，生成一个出库单和出库明细，出库单和出库明细的表单格式如下：

出库单号：k20122　　　　　　　　　**商品出库单**　　　　　　　　　经办人：方建军

订单号	2022181	出库日期	2013.6.25	收货地址		桂林光明路	
接货人	齐晓峰	联系电话	1865588899	总米数	245	总金额	3625.00
出库明细							

商品编码	品名	规格（cm）	颜色	花型	出库数量（米）	单价（元）	金额（元）
P23124	平纹印花	260	洋红	礼花	145	15.00	2175.00
P20025	提花	245	米白	浪花	100	14.50	1450.00

二、概念模型（E-R 图）设计

1. 根据需求分析结果和业务流程，设计局部 E-R 图

（1）入库业务局部 E-R 图

公司与多个供应商建立供货关系，每个供应商按照公司的采购计划定期向仓库送货；仓库管理员按照送货凭据验收并填写入库单和入库明细。一个入库单包含多个入库明细，且每个入库明细只对应一个入库单；一个入库明细对应一种商品，且同一种商品可能在多个入库明细中出现。参照例 3.4 的设计方法，设计商品入库操作的 E-R 图。

分析：供应商与入库单是"一对多"联系，入库单与入库明细是"一对多"联系，仓库管理员（职工）与入库单是"一对多"联系，商品与入库明细是"一对多"联系。根据分析画出入库业务的局部 E-R 图，如图 3.19 所示。

（2）销售业务局部 E-R 图

销售员承办客户的订单。一个订单只属于一个客户，且一个客户可能有多个订单；一个销售员经办多个订单，且一个订单只由一个销售员经办；一个订单包括多个订单明细，每个订单明细记录订购的一种商品，且一种商品可以在多个订单明细中出现，即多个客户可能多次购买同一种商品。

74

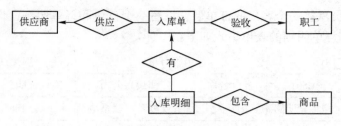

图 3.19　商品入库操作的局部 E-R 图

分析：客户与订单是"一对多"联系，销售员（职工）与订单是"一对多"联系，订单和订单明细是"一对多"联系，商品与订单明细是"一对多"联系。根据分析结果画出销售业务的局部 E-R 图，如图 3.20 所示。

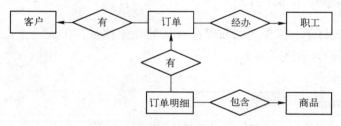

图 3.20　销售业务的局部 E-R 图

（3）出库业务局部 E-R 图

仓库管理员根据订单、订单明细和商品的在库数量，制定出库单和出库明细。一个订单对应一个出库单；一个仓库管理员经办多个出库单，且一个出库单只能由一个人办理；一个出库单有多个出库明细；每个出库明细对应一种商品，且一种商品可能在多个出库单的明细中出现。

分析：出库单与订单是"一对一"联系，出库单与出库明细是"一对多"联系，仓库管理员（职工）与出库单是"一对多"联系，商品与出库明细是"一对多"联系。根据分析结果画出出库业务的局部 E-R 图，如图 3.21 所示。

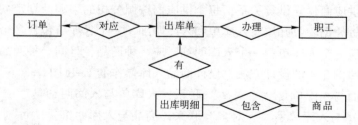

图 3.21　出库业务的局部 E-R 图

2. 将局部 E-R 图合并成全局 E-R 图

局部 E-R 图合并后的全局 E-R 图如图 3.22 所示，图中包括 10 个实体集和 12 个联系，其中有一个"一对一"联系，其他均为"一对多"联系。将全局 E-R 图中 10 个实体集和 12 个联系归纳为表 3.1。图 3.23 描述了 10 个关系相互之间的联系。

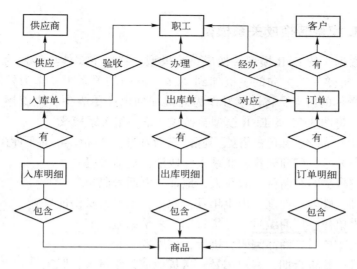

图 3.22　盛达公司数据库的全局 E-R 图

表 3.1　全局 E-R 模型中的实体集和联系

序号	实体集	联系类型	实体集	序号	实体集	联系类型	实体集
1	供应商	一对多	入库单	7	商品	一对多	订单明细
2	入库单	一对多	入库明细	8	职工	一对多	订单
3	商品	一对多	入库明细	9	出库单	一对一	订单
4	职工	一对多	入库单	10	出库单	一对多	出库明细
5	客户	一对多	订单	11	商品	一对多	出库明细
6	订单	一对多	订单明细	12	职工	一对多	出库单

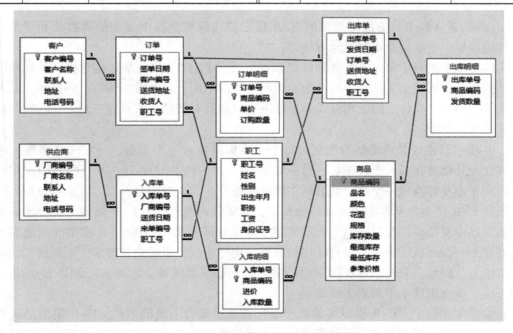

图 3.23　盛达公司数据库的逻辑结构

三、将 E-R 模型转换成关系模型

将盛达公司数据库的 E-R 模型转换成关系模型。将每个实体集转换为一个关系，对于"一对多"联系，将"一"方向的主键加到"多"方向的关系中，作为外键；对于"一对一"联系，按照操作的特点，将订单号作为外键加到出库单表中，主键用下画线表示，外键用波浪线表示。将图 3.22 的 E-R 模型转换成如下一组关系模式

商品（<u>商品编码</u>，品名，颜色，花型，规格，库存数量，最高库存，最低库存，参考价格）

供应商（<u>厂商编号</u>，厂商名称，联系人，地址，电话号码）

客户（<u>客户编号</u>，客户名称，联系人，地址，电话号码）

职工（<u>职工号</u>，姓名，性别，出生年月，职务，工资，身份证号）

入库单（<u>入库单号</u>，厂商编号，送货日期，来单编号，职工号）

入库明细（<u>入库单号</u>，商品编码，进价，入库数量）

订单（<u>订单号</u>，签单日期，客户编号，送货地址，收货人，职工号）

订单明细（<u>订单号</u>，商品编码，单价，订购数量）

出库单（<u>出库单号</u>，发货日期，订单号，送货地址，收货人，职工号）

出库明细（<u>出库单号</u>，商品编码，发货数量）

上述 10 个关系模式构成盛达公司数据库的逻辑模型。盛达公司数据库中表之间的逻辑关系如图 3.23 所示，图中的连线表示表与表之间的联系。在第四章中将根据这个逻辑模型创建数据库和表。

本 章 小 结

实体-联系（E-R）方法用简单的 E-R 模型描述现实世界中复杂的事物及其联系，它是一种应用最广泛的概念模型设计方法。

实体是现实世界中可以相互区别的"事件"或"物体"。实体集是具有相同类型和性质的实体的集合；属性是实体集中每一个实体所具有的性质，它是对实体特征的描述；联系是一个实体与另一个实体之间的相互关系，联系也可能具有属性。联系有一对一、一对多和多对多 3 种联系类型。

E-R 模型转换成关系模型的规则：每个实体集转换为一个关系；一对一联系将一个表的主键作为外键放在另一个表中；一对多联系将"一"的主键放在"多"的表中；多对多联系将联系本身转换成一个表，该表的主键由两个父表的主键组合而成，且主键也是外键。

虽然 E-R 模型的基本组成元素简单易懂，但要做到熟练运用 E-R 模型方法，准确地理解现实世界中复杂事物及其联系，确定实体、联系和联系类型，用 E-R 模型准确地表达出来，并非是一蹴而就的事情。设计优化的数据库模型不仅需要理论和方法，更需要实践经验和理解能力。因此，只有结合实际应用环境多做一些综合训练，才能真正领悟和运用 E-R 模型方法，设计出高水平的数据模型。

在数据库建模中，E-R 模型和关系规范化方法扮演着不同的角色，E-R 模型是从宏观层面上设计概念模型，关系规范化方法是从微观的角度判断关系模式是否合理，使关系模型更优化。

习 题

一、名词解释

实体、实体集、属性、属性域、联系、联系类型。

二、单项选择题

1. 在数据库设计中，概念模型　　　　　　　　　　　　　　　　　　　　　　　　　　【　　】
   - A. 依赖于计算机的硬件
   - B. 依赖于 DBMS
   - C. 独立于 DBMS
   - D. 独立于计算机的硬件和 DBMS

2. 将 E-R 模型转换为关系模型属于数据库的　　　　　　　　　　　　　　　　　　　【　　】
   - A. 概念设计
   - B. 物理设计
   - C. 逻辑设计
   - D. 运行设计

3. 在某家公司环境中，一个部门有多名职工，一名职工只能属于一个部门，则部门与职工之间的联系是　　　　　　　　　　　　　　　　　　　　　　　　　　　　　　　　　【　　】
   - A. 一对一
   - B. 一对多
   - C. 多对多
   - D. 不确定

4. 概念结构设计的主要目标是真实地反映　　　　　　　　　　　　　　　　　　　　　【　　】
   - A. 企业对信息的需求
   - B. DBA 的管理信息需求
   - C. 数据库系统的维护需求
   - D. 应用程序员的编程需求

5. 在 E-R 模型转换成关系模型的过程中，下列做法中不正确的是　　　　　　　　　　【　　】
   - A. 所有联系转换成一个关系
   - B. 所有实体集转换成一个关系
   - C. $1:N$ 联系不必转换成关系
   - D. $M:N$ 联系转换成一个关系

6. 假设在一个 E-R 模型中，存在 10 个不同的实体集和 12 个不同的二元联系（二元联系是指两个实体集之间的联系），其中有 3 个 $1:1$ 联系、4 个 $1:N$ 联系、5 个 $M:N$ 联系，则这个 E-R 模型转换成关系的数目可能是　　　　　　　　　　　　　　　　　　　　　　　【　　】
   - A. 14
   - B. 15
   - C. 19
   - D. 22

三、简答题

1. 简述数据库设计阶段。

2. 概念设计的主要内容有哪些？

3. 举例说明实体之间的联系方式。

4. 简述 E-R 模型转换为关系模型的规则。

四、设计题

1. 假设图书馆业务规则：

1）读者需要凭借书证借阅图书，借书证有借书证号、姓名、年龄、单位等属性。

2）每本图书有书号、书名、作者、出版社等属性。

3）每一本借出的图书有借书证号、书号、借出日期、应还日期。

依据上述规则回答下列问题：

1）根据上述业务规则设计 E-R 模型，要求在 E-R 模型中注明属性和联系的类型。

2）将 E-R 模型转换成关系模型。

2. 假设城市交通管理业务规则：

1）每个驾车者必须有机动车驾驶证，机动车驾驶证有编号、姓名、性别、身份证号、发证日期等属性。

2）每辆机动车都要有一个牌照，牌照有车号、型号、制造商、生产日期、所有者等属性。

3）若驾车者违反交通规则，将受到惩罚，惩罚记录有日期、车牌号、机动车驾驶证编号、违章情节、处罚方式等属性。

依据上述规则回答下列问题：

1）根据上述业务规则设计 E-R 模型，要求在 E-R 图中注明属性和联系的类型。

2）将 E-R 模型转换成关系模型。

3. 假设某公司生产多种产品，公司在全国设有多个代理商，由代理商经销本公司的所有产品；每个代理商可以经销公司的多种产品，且在每一个代理商处都能够买到公司的任何一种产品；代理商有编号、代理商名称和地址等属性；产品有产品号、品名、规格、单价等属性；代理商与产品之间存在供货联系，每次供货将记录供货日期、产品号、数量、单价和经办人。

依据上述规则回答下列问题：

1）根据上述业务规则设计 E-R 模型，要求在 E-R 图中注明属性和联系的类型。

2）将 E-R 模型转换成关系模型。

五、综合应用题

参照本章第五节的内容，设计盛达公司数据库的概念模型，并将概念模型转换为关系模型。

第四章　结构化查询语言（SQL）

学习目标：

本章是本门课程的重点章节，要求熟练掌握下列操作技能。

1. 了解 MySQL 数据库管理系统的特点，下载和安装 MySQL 系统。

2. 掌握启动/停止、连接（登录）/断开 MySQL 服务器的操作方法，能够在 MySQL 的客户端命令行完成 SQL 的上机操作实验。

3. 熟练掌握创建数据库、创建表、插入数据、更新数据、删除数据、查询数据（包括连接、嵌套、分组、筛选等复杂的查询操作）的方法。

建议学时： 10 学时。

教师导读：

SQL 是关系数据库的标准语言，所有关系数据库系统都支持它。

1. 利用 CREATE DATABASE 创建数据库，CREATE TABLE 语句创建表（包括实体完整性和参照完整性的定义）。

2. 运用 INSERT INTO、UPDATE、DELETE 语句分别在表中插入、更新、删除数据。

3. 利用 SELECT FROM WHERE 查询语句进行各种数据查询操作。

4. 将关系代数的理论与 SQL 的实践相结合，有利于深入理解本章的内容。

5. 本章的内容实践性很强，边学边实验是最有效的学习方法之一。要求完成上机实验一。

第一节　SQL 概述

一、SQL 概要介绍

SQL 的全称为 Structured Query Language（结构化查询语言）。1974 年，IBM 的 San Jose 实验室的研究人员 D. Chamberlin 定义了"结构化英语查询语言"，简称 SEQUEL。1976 年，Chamberlin 将它改称为 SQL。SQL 是一种类英语的语言，用一些简单的英语句子构成基本的语法结构，具有简单易学、功能较强、操作灵活的特点。

SQL 是一种非过程化语言，它与通常的高级程序设计语言不同，使用 SQL 时，只要说明做什么，而不需要说明怎么做，具体的操作全部由 DBMS 自动完成。

由于 SQL 具有功能丰富、操作灵活和简单易学的特点，因此深受计算机工业界的欢迎，被众多的计算机公司所采用。经过不断的修改、扩充和完善，SQL 已经成为关系数据库的标准语言。各个软件开发商的关系数据库产品都对 SQL 标准进行了扩充，而且所有的数据库产品都支持 SQL 的标准。

SQL 按用途可划分为下列三个组成部分。

1）数据描述语言（DDL）：在数据库系统中，数据库、表、视图、索引等都是对象，用于定义这些对象的 SQL 语句称为 DDL。

2）数据操纵语言（DML）：用于插入、更新、删除和查询数据的 SQL 语句称为 DML。

3）数据控制语言（DCL）：用于实现数据完整性、安全性、一致性等控制的 SQL 语句称为 DCL。

本章选择 MySQL 数据库系统作为实验平台来介绍标准 SQL，语句格式中省略不常用的选项，保留基本的必要部分，力求重点突出，叙述简洁明了。

二、MySQL 数据库系统简介

MySQL 是一种关系数据库管理系统，由瑞典 MySQL AB 公司开发，目前是 Oracle 公司旗下的产品。在 Web 应用方面，MySQL 是目前最流行的关系数据库管理系统（Relational Data Base Management System，RDBMS）之一。

MySQL 的跨平台性，使其不仅可以在 Windows 系列的操作系统上运行，还可以在 UNIX、Linux 和 macOS 等操作系统上运行，支持标准 SQL。

MySQL 是多用户、多线程 SQL 数据库服务器。它能够快速、有效和安全地处理大量的数据。相对于 Oracle 等数据库，MySQL 的使用是非常简单的。

MySQL 支持大型数据库，支持 5000 万条记录的数据仓库，32 位系统表文件最大可支持 4 GB，64 位系统支持最大的表文件为 8 TB，可以处理具有上千万条记录的大型数据库。

MySQL 提供多种编程语言接口，例如 C、C++、Python、Java、PHP 等，特别是对 PHP 的支持，适用于 Web 程序开发。

MySQL 是开放源代码的数据库管理系统，任何人都可以从 MySQL 的官方网站下载该软件，获取其源代码，修正 MySQL 的缺陷，开发自己的 MySQL 系统。

MySQL 相对于 Oracle、DB2 和 SQL Server 等价格较高的商业软件，具有绝对的价格优势，其社区版是免费的，即使需要付费的附加功能，价格也是相对很便宜的。

MySQL 的主要特点是开源、跨平台、体积小、速度快、成本低。但是，MySQL 也有一些不足，比如，对于大型项目，MySQL 的容量和安全性就略逊于 Oracle 数据库。

本章选择 Windows 环境下的 MySQL 作为学习 SQL 的实验平台，首先要下载和安装 MySQL 服务器。

第二节　MySQL 的运行准备

MySQL 有两种操作方式，一是直接在 DOS 命令行窗口中输入命令行以执行操作，简单、高效、快捷地操作数据库；二是在图形化界面中通过菜单、选项、输入命令的参数，由图形化界面软件生成操作命令并执行。从学习 SQL 的目的考虑，可选择第一种方式，即在命令行窗口中输入和执行 SQL 语句。

使用 MySQL 数据库需要下列两个步骤：

1）启动 MySQL 服务器。

2）连接（登录）MySQL 服务器。

一、启动 MySQL 服务器

Windows 平台的 MySQL 可以利用 Windows 服务管理器方便地控制 MySQL 服务器的启动和停止。操作方法如下。

1）打开 Windows 服务管理窗口，选择 "MySQL80"，单击窗口左上角 "启动" 选项，则启动 MySQL80 服务器，如图 4.1 所示。

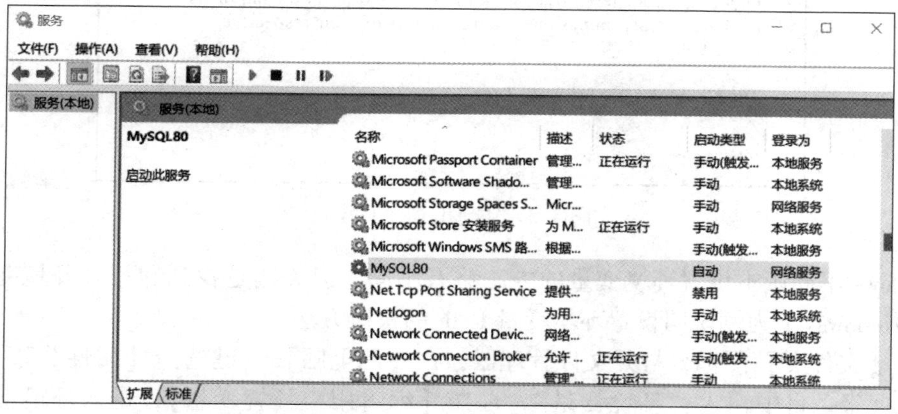

图 4.1　在 Windows 服务管理窗口中启动 MySQL 服务器

2）启动 MySQL 服务器之后，在服务窗口左上角将同步显示 3 个选项（停止、暂停和重启动），在 Windows 服务管理器中可以方便地控制 MySQL 服务器的启动和停止。

二、连接（登录）和断开 MySQL 服务器

进入 MySQL 系统，启动 MySQL 服务器之后，还需要连接（即登录）MySQL 服务器。这里介绍两种连接 MySQL 服务器的方法。

方法一：在 "开始" 菜单中搜索 "MySQL 8.0 Command Line Client" 选项，单击即可打开 MySQL 命令行窗口，输入正确的密码，按〈Enter〉键，若出现 "mysql>" 提示符，则表示已正确连接（登录）MySQL 服务器。MySQL 命令行窗口如图 4.2 所示。至此，就可以在 MySQL 命令行窗口中输入和执行 SQL 语句。

注意：命令行的结束符是分号 ";" 或者 "\g"，显示的续行符是 "->"，按〈Enter〉键执行命令。SQL 语句的关键词不区分大小写。在命令行窗口输入的 SQL 语句中的括号、分号、单引号都必须是英文半角符号，只要一个标点符号弄错了，就不会执行语句。

方法二：在 Windows 的运行窗口输入 "mysql -u root -p" 命令也可以连接 MySQL 服务器。mysql 是 MySQL 安装路径下 bin 目录中的一个应用程序，-u root 是用户名、-p 是用户密码（这里可省略）。在运行窗口执行连接命令之前，需要重新设置操作系统环境变量 Path。

（1）重新设置操作系统环境变量 Path

Windows 中的环境变量 Path 是用来指定可执行文件的绝对路径。MySQL 安装时创建的 bin 目录下存放着多个 MySQL 的应用程序，很多场景下执行这些应用程序需要给出绝对路径。例如，在 Windows 运行窗口执行上述 mysql 命令，必须给出全路径，否则不会被识别。设置 Path 路径可以免除 MySQL 执行命令时必须输入绝对路径的麻烦。

```
■ MySQL 8.0 Command Line Client—□×

Enter password: ******

Welcome to the MySQL monitor.    Commands end with ; or \g.
Your MySQL connection id is 8
Server version: 8.0.31 MySQL Community Server - GPL

Copyright (c) 2000, 2022, Oracle and/or its affiliates.

Oracle is a registered trademark of Oracle Corporation and/or its
affiliates. Other names may be trademarks of their respective
owners.

Type 'help;' or '\h' for help. Type '\c' to clear the current input statement.


mysql>
```

图 4.2　MySQL 命令行窗口

　　Windows 不同版本设置环境变量的方法略有不同，但关键是找到和打开环境变量窗口。这里以 Windows 11 为例说明设置环境变量 Path 的快捷方法。

　　单击【文件夹】图标，打开文件管理器，在【此电脑】右键选择【属性】以进入设置窗口，在搜索条目中输入"环境变量"，选择【编辑用户环境变量】，进入环境变量窗口，单击【修改】按钮，将 Path 选项设置为 C:\Program Files\MySQL\MySQL Server 8.0\bin，如图 4.3 所示。可以在文件管理中复制和查找 bin 的绝对路径。单击【确定】按钮，设置路径完成，至此，在任何运行 MySQL 可执行程序之处，不必再输入绝对路径。

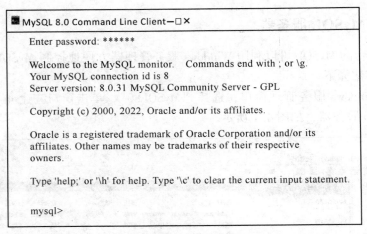

图 4.3　设置环境变量窗口

（2）在 Windows 的运行窗口输入"mysql -u root -p"命令，连接 MySQL 服务器

在键盘上同时按下〈Windows 徽标+R〉，弹出运行窗口，在【打开】的输入框中输入命令：mysql -u root -p，如图 4.4 所示。

单击【确定】按钮，将打开 MySQL 命令行窗口，输入正确的密码，按〈Enter〉键，出现"mysql>"提示符，表示已正确连接 MySQL 服务器。操作结果类似图 4.2。

图 4.4　Windows 运行窗口

（3）在命令提示符窗口执行 mysql -u root -p 命令，也可以连接 MySQL 服务器

在开始菜单中，单击【命令提示符】打开命令提示符窗口，在当前命令提示符处输入下列命令：mysql -u root -p，操作结果类似图 4.2。

在成功连接 MySQL 服务器后，如果在"mysql>"提示符后输入 quit(\q)，按〈Enter〉键，则关闭 MySQL 8.0 Command Line Client 窗口，断开 MySQL 服务器。

第三节　创建数据库

MySQL 有一组关于数据库的创建、选择、显示和删除的 SQL 语句。

一、创建数据库

SQL 语句格式：

> **CREATE DATABASE <数据库名>;**

例 4.1　创建一个数据库，数据库的名称为 COMP_DB。在 MySQL 命令行窗口中"mysql>"提示符后面，输入下列语句：

> **CREATE DATABASE COMP_DB;**

按〈Enter〉键，MySQL 执行语句并显示执行结果，如图 4.5 所示。

```
mysql> CREATE DATABASE COMP_DB;
Query OK, 1 row affected (0.01 sec)
```

图 4.5　创建 COMP_DB 数据库

操作提示：MySQL 语句中关键词不区分英文字母的大小写，但必须切换到英文输入模式下进行输入，特别是对于语句里的逗号、分号、空格、单引号、双引号，要千万小心！如果在中文输入模式下输入标点符号，直观来看，可能很难发现问题，但会报错。

二、选择数据库

在 MySQL 中，数据库服务器上可以创建多个数据库，但每一个用户每次只能对一个数据库进行数据操作，该数据库称为当前数据库。用 CREATE DATABASE 语句创建数据库之后，所创建的数据库不会自动成为当前数据库，还需要用 USE 语句指定为当前数据库。用 USE 语句在多个数据库之间进行切换，使其成为当前数据库。

SQL 语句格式：

USE<数据库名>;

例 4.2 选择 COMP_DB 为当前数据库，在 MySQL 命令行窗口输入下列语句：

USE COMP_DB;

执行结果如图 4.6 所示。

```
mysql> USE COMP_DB;
Database changed
```

图 4.6 选择 COMP_DB 数据库

三、显示数据库

查看服务器上已存在的数据库名称，语句格式如下：

SHOW DATABASES;

例 4.3 查看已创建的数据库名称，在 MySQL 命令行窗口输入的语句及查询结果如图 4.7 所示。

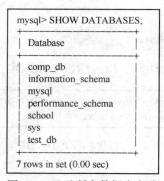

```
mysql> SHOW DATABASES;
+--------------------+
| Database           |
+--------------------+
| comp_db            |
| information_schema |
| mysql              |
| performance_schema |
| school             |
| sys                |
| test_db            |
+--------------------+
7 rows in set (0.00 sec)
```

图 4.7 显示所有数据库名称

四、删除数据库

删除数据库的 SQL 语句格式：

DROP DATABASE<数据库名>;

例 4.4   删除 COMP_DB 数据库，在 MySQL 命令行窗口输入的语句和验证删除结果的语句如图 4.8 所示。

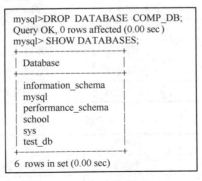

图 4.8   删除数据库并验证结果

第四节   创   建   表

本节将根据第三章第五节中数据库设计实例——盛达公司数据库的一组关系模式，介绍利用 SQL 创建表和插入数据的方法。盛达公司数据库的关系模式如下：

商品（商品编码，品名，颜色，花型，规格，库存数量，最高库存，最低库存，参考价格）

供应商（厂商编号，厂商名称，联系人，地址，电话号码）

客户（客户编号，客户名称，联系人，地址，电话号码）

职工（职工号，姓名，性别，出生年月，职务，工资，身份证号）

入库单（入库单号，厂商编号，送货日期，来单编号，职工号）

入库明细（入库单号，商品编码，进价，入库数量）

订单（订单号，签单日期，客户编号，送货地址，收货人，职工号）

订单明细（订单号，商品编码，单价，订购数量）

出库单（出库单号，发货日期，订单号，送货地址，收货人，职工号）

出库明细（出库单号，商品编码，发货数量）

下面提供模拟的样本数据。

商品表

商品编码	品名	颜色	花型	规格	库存数量	最高库存	最低库存	参考价格
P1	色布	米白	无	245	2400.0	3000.0	1000.0	12.00
P2	花布	漂白	太阳花	230	1500.0	2500.0	800.0	15.00
P3	花布	砖红	玫瑰	245	2500.0	2000.0	500.0	13.50
P4	花布	浅粉	水仙花	260	3000.0	2500.0	1000.0	15.60
P5	色布	浅灰	无	245	560.0	2500.0	500.0	12.50
P6	花布	米白	百合	245	600.0	2000.0	1000.0	16.50

供应商表

厂商编号	厂商名称	联系人	地址	电话号码
S1	南沭阳商贸公司	何向阳	上海崇明嵩山路 3 号	1357682987
S2	奥迪卡纺织品公司	康书明	天津市滨海区光明路 6 号	1380902786
S3	欣欣纺织品公司	蒋怀丽	天津市艺海花园 5 号	1864576389
S4	康佳纺织品公司	侯淑敏	江苏吴江松北路 88 号	1562873647
S5	司诺达商务公司	李冠山	江苏南通纺织城 76 号	1390878394

客户表

客户编号	客户名称	联系人	地址	电话号码
C1	光明纺织公司	李明生	南京市中山路 12 号	1378976903
C2	大洋制衣公司	王志军	天津市河西路 47 号	1509838912
C3	磐新家纺公司	田丽萍	南京市紫金花园 3 号	1382354322
C4	蓝鸟家纺公司	关和宇	上海市淮海路 45 号	1351228902
C5	嘉禾家纺公司	姚庆生	北京市学院路 44 号	1852365478
C6	南沭阳商贸公司	何向阳	上海崇明嵩山路 3 号	1357682987

职工表

职工号	姓名	性别	出生年月	职务	工资	身份证号
E1	李树生	男	1981-03-12	经理	8800.00	119198103125341
E2	沈丽萍	女	1980-10-18	销售员	4500.00	108198010184324
E3	韩康健	男	1985-09-24	销售员	6580.00	108198509245331
E4	何乃云	女	1980-07-09	会计	5500.00	106198007095424
E5	王建南	男	1976-10-23	销售员	7600.00	107197610234321
E6	吴侨生	男	1970-12-10	经理	7900.00	109197012105331
E7	葛晓燕	女	NULL	NULL	NULL	NULL

入库单表

入库单号	厂商编号	送货日期	来单编号	职工号
R01	S1	2022-02-01	KS-1	E1
R02	S2	2022-04-08	QK-1	E2
R03	S3	2022-03-22	QK-2	E2
R04	S4	2022-06-24	QK-3	E1
R05	S1	2022-05-07	KS-5	E2

入库明细表

入库单号	商品编码	进价	入库数量
R01	P1	12.00	1050.0
R01	P2	15.00	2000.0
R01	P3	14.50	1500.0

（续）

入库单号	商品编码	进价	入库数量
R02	P1	12.30	1050.0
R02	P2	15.10	500.0
R03	P1	12.00	200.0
R03	P3	15.00	800.0
R03	P4	14.80	1200.0
R04	P2	15.60	500.0
R04	P4	16.00	780.0
R05	P1	12.50	500.0
R05	P2	15.00	1800.0
R05	P3	14.00	800.0
R05	P5	17.00	500.0

订单表

订单号	签单日期	客户编号	送货地址	收货人	职工号
D1	2022-02-12	C1	武汉市长江路3号	江芳芳	E3
D2	2022-03-15	C2	长沙市南湖路7号	康何敏	E4
D3	2022-04-14	C4	芜湖市江南阁5号	李世平	E4
D4	2022-05-13	C3	天津市海河路6号	葛天强	E3

订单明细表

订单号	商品编码	单价	订购数量
D1	P1	17.10	350.0
D1	P2	19.00	550.0
D1	P3	20.90	1000.0
D2	P1	16.00	450.0
D2	P2	20.00	560.0
D3	P2	20.00	540.0
D3	P4	18.00	350.0
D4	P2	20.00	500.0

出库单表

出库单号	发货日期	订单号	送货地址	收货人	职工号
Q01	2022-05-18	D1	武汉市长江路3号	江芳芳	E1
Q02	2022-05-20	D2	长沙市南湖路7号	康何敏	E1
Q03	2022-05-22	D3	芜湖市江南阁5号	李世平	E2

出库明细表

出库单号	商品编码	发货数量
Q01	P1	400.00
Q01	P2	500.00
Q02	P1	500.00
Q02	P2	550.00
Q03	P2	550.00
Q03	P4	400.00

说明：本章主要介绍 SQL 的概念和基本操作方法，在例题中以部分表为示例，介绍创建、修改、删除表，以及在表中插入、更新、删除和查询的方法。读者可以举一反三，完成创建盛达公司数据库的完整操作。

一、创建表（CREATE TABLE）

在 MySQL 中，用 CREATE TABLE 语句创建表，其基本语法格式是：

```
CREATE TABLE <表名>
(<字段名 1><数据类型>,
<字段名 2><数据类型>,
        …
<字段名 n><数据类型>,
PRIMARY KEY（<主键>），
FOREIGN KEY（<外键>）REFERENCES 表名(<外键>)）；
```

1. MySQL 的数据类型

MySQL 的数据类型大致可以分为数值、字符串（字符）和日期/时间三种。表 4.1 列出了 MySQL 中常用的数据类型。

表 4.1 常用的数据类型

数据类型	类型名称	说　　明
SMALLINT	短整型数	有符号数（$-32768 \sim 32767$），无符号数（$0 \sim 65535$）
INT（INTEGER）	整型数	有符号数（$-2147483648 \sim 2147483647$），无符号数（$0 \sim 4294967295$）
DEC(M,D)（DECIMAL）	精准数值	M 是数值的全部位数（不含小数点），D 则是小数的位数。货币等对精度敏感的数据应该使用这种类型
FLOAT	单精度浮点数	科学计数法，例如 $s=1.5 \times 10^{11}$，称 1.5 为尾数（有效数字），11 是指数，记作 1.5E11。 • 有符号数的取值范围：$-3.402823466E+38 \sim 1.175494351E-38$； • 无符号数的取值范围：0 和 $-1.175494351E-38 \sim -3.402823466E+38$
DOUBLE	双精度浮点数	• 有符号数的取值范围：$-1.7976931348623157E+308 \sim 2.2250738585072014E-308$； • 无符号数的取值范围：0 和 $2.2250738585072014E-308 \sim 1.7976931348623157E+308$
CHAR(N)	定长字符串	$0 \sim 255$

（续）

数据类型	类型名称	说　　明
VARCHAR	变长字符串	0~65535
TEXT	长文本数据	0~65535
DATE	日期	YYYY-MM-DD
TIME	时间	HH:MM:SS
DATETIME	日期时间	YYYY-MM-DD HH:MM:SS

2. 域完整性约束的定义

域完整性约束是对属性值有效性的约束，包括在关系模式定义中规定的属性类型、宽度、小数位，属性是否可以取 NULL 值、默认值（DEFAULT）、唯一值（UNIQUE），以及基于属性的域检查子句（CHECK）等。

3. 主键子句

主键子句（PRIMARY KEY）定义主键和实体完整性约束，约束关系的主键不允许为空值（NULL）。如果主键是单个字段，则可以将 PRIMARY KEY 子句放在主键字段之后。如果主键是由多个字段组成的，则作为行级约束，单独占一行。

例 4.5　创建职工表，定义实体完整性约束。在命令行窗口输入下列语句将创建职工表，执行结果如图 4.9 所示。

```
CREATE TABLE 职工
(职工号 CHAR(5) PRIMARY KEY,
 姓名 CHAR(10) NOT NULL,
 性别 CHAR(2),
 出生年月 DATE,
 职务 CHAR(10),
 工资 DEC(8,2));
```

```
mysql> USE COMP_DB;
Database changed

mysql> CREATE TABLE 职工
    -> (职工号  CHAR(5) PRIMARY KEY,
    -> 姓名  CHAR(10) NOT NULL,
    -> 性别  CHAR(2),
    -> 出生年月  DATE,
    -> 职务  CHAR(10),
    -> 工资  DEC(8,2));
Query OK,  0 rows affected (0.01 sec)
```

图 4.9　创建职工表

例 4.6　创建客户表，定义实体完整性和客户名称非空。在 MySQL 命令行窗口输入下列语句将创建客户表，执行结果如图 4.10 所示。

```
CREATE TABLE 客户
(客户编号 CHAR(5) PRIMARY KEY,
 客户名称 CHAR(20) NOT NULL,
 联系人 CHAR(8),
 地址 CHAR(20),
 电话号码 CHAR(15));
```

```
mysql> CREATE TABLE 客户
    ->(客户编号 CHAR(5) PRIMARY KEY,
    -> 客户名称 CHAR(20) NOT NULL,
    -> 联系人 CHAR(8),
    -> 地址 CHAR(20),
    -> 电话号码 CHAR(15));
Query OK, 0 rows affected (0.02 sec)
```

图 4.10　创建客户表

例 4.7　创建商品表，定义实体完整性约束和商品品名非空，在 MySQL 命令行窗口输入下列语句将创建商品表，执行结果如图 4.11 所示。

```
CREATE TABLE 商品
(商品编码 CHAR(10) PRIMARY KEY,
 品名 CHAR(10) NOT NULL,
 颜色 CHAR(8),
 花型 CHAR(8),
 规格 CHAR(10),
 库存数量 DEC(6,1),
 最高库存 DEC(6,1),
 最低库存 DEC(6,1),
 参考价格 DEC(5,2));
```

```
mysql> CREATE TABLE 商品
    ->( 商品编码 CHAR(10) PRIMARY KEY,
    -> 品名 CHAR(10) NOT NULL,
    -> 颜色 CHAR(8),
    -> 花型 CHAR(8),
    -> 规格 CHAR(10),
    -> 库存数量 DEC(6,1),
    -> 最高库存 DEC(6,1),
    -> 最低库存 DEC(6,1),
    -> 参考价格 DEC(5,2));
Query OK, 0 rows affected (0.01 sec)
```

图 4.11　创建商品表

4. 外键子句

外键子句（FOREIGN KEY）定义外键和参照完整性约束。约束外键的值必须是另一个关系（或同一个关系）中主键的有效值或空值。第二章第四节详细介绍了参照完整性、更新与删除规则等，本节将进一步介绍如何实现参照完整性的规则。

在 MySQL 中，增强了参照完整性约束功能。应对父表更新（或者删除）操作，可以选择在子表上定义下列操作。

（1）使用 CASCADE 进行级联更新或级联删除

当父表进行 DELETE 或 UPDATE 操作时，子表也进行 DELETE 或 UPDATE 操作。

（2）利用 SET NULL 将子表上匹配记录的列设置为 NULL

当父表进行 DELETE 或 UPDATE 操作时，子表中的相关数据设置为 NULL，即子表中对应列的值设置为 NULL。

（3）NO ACTION 和 RESTRICT

当父表进行 DELETE 或 UPDATE 操作时，提示错误信息，拒绝这类操作发生。

在 MySQL 中，实现上述约束的方法是在子表的外键子句的定义中使用下列短语。

删除约束短语：

```
ON DELETE RESTRICT 删除约束
ON DELETE CASCADE 级联删除
ON DELETE SET NULL 删除置空
ON DELETE NO ACTION 删除约束
```

更新约束短语：

```
ON UPDATE RESTRICT 更新约束
ON UPDATE CASCADE 级联更新
ON UPDATE SET NULL 更新置空
ON UPDATE NO ACTION 更新约束,作用与 RESTRICT 相同
```

说明：在 MySQL 中，RESTRICT 的作用和 NO ACTION 相同，因为参照完整性约束本身就有删除和更新约束功能，所以这两个选项可以省略。

例 4.8 创建订单表，该表是客户表和职工表的子表。从业务规则可知，当客户表的客户编号更新时，订单表的外键（客户编号）必须同步更新，否则这个订单就变成"没主的"订单。同理，有订单的客户不允许被删除。在 MySQL 命令行窗口输入下列语句将创建订单表，执行结果如图 4.12 所示。

```
CREATE TABLE 订单
(订单号 CHAR(5) PRIMARY KEY,
签单日期 DATE,
客户编号 CHAR(5) NOT NULL,
送货地址 CHAR(20) NOT NULL,
收货人 CHAR(8) NOT NULL,
职工号 CHAR(5) NOT NULL,
FOREIGN KEY (客户编号) REFERENCES 客户(客户编号) ON UPDATE CASCADE,
FOREIGN KEY(职工号) REFERENCES 职工(职工号) ON UPDATE CASCADE);
```

```
mysql> CREATE TABLE 订单
    -> (订单号 CHAR(5) PRIMARY KEY,
    -> 签单日期 DATE,
    -> 客户编号 CHAR(5) NOT NULL,
    -> 送货地址 CHAR(20) NOT NULL,
    -> 收货人 CHAR(8) NOT NULL,
    -> 职工号 CHAR(4) NOT NULL,
    -> FOREIGN KEY (客户编号) REFERENCES客户(客户编号) ON UPDATE CASCADE,
    -> FOREIGN KEY(职工号) REFERENCES职工(职工号) ON UPDATE CASCADE);
Query OK, 0 rows affected (0.03 sec)
```

图 4.12　创建订单表

例 4.9　创建订单明细表，其主键是订单号和商品编码，外键的要求与例 4.8 中对订单表的要求类似。订单明细表是订单表和商品表的子表。从业务管理规则可知，订单表中的订单号通常是顺序生成的，不要随意变动。另外，订单表中含有订单明细的行是不能删除的，否则这些订单明细就会变成"无父之子"。同理，在商品表中的商品编码更新时，订单明细表中的外键（商品编码）必须同步更新，否则这个订单明细就会变成"无货的"，有订单明细的行对应的商品不可以被删除。在 MySQL 命令行窗口输入下列语句将创建订单明细表，执行结果如图 4.13 所示。

```
CREATE TABLE 订单明细
(订单号 CHAR(5) NOT NULL,
商品编码 CHAR(10) NOT NULL,
单价 DEC(5,2),
订购数量 DEC(6,1),
PRIMARY KEY (订单号,商品编码),
FOREIGN KEY (订单号) REFERENCES 订单(订单号),
FOREIGN KEY(商品编码) REFERENCES 商品(商品编码) ON UPDATE CASCADE);
```

```
mysql> CREATE TABLE 订单明细
    ->( 订单号 CHAR(5) NOT NULL,
    -> 商品编码 CHAR(10) NOT NULL,
    -> 单价 DEC(5, 2),
    -> 订购数量 DEC(6, 1),
    -> PRIMARY KEY (订单号, 商品编码),
    -> FOREIGN KEY (订单号) REFERENCES 订单(订单号),
    -> FOREIGN KEY(商品编码) REFERENCES 商品(商品编码) ON UPDATE CASCADE);
Query OK, 0 rows affected (0.01 sec)
```

图 4.13　创建订单明细表

注意：在上机操作时，创建表的顺序是先创建被参照表，再创建参照表，即"先父后子"。例如，先创建客户表和职工表，再创建订单表，因为客户表和职工表是订单表的"父表"；同理，在创建商品表和订单表之后，才能创建订单明细表。如果要删除已经建立的表，则删除的顺序与创建表的顺序正好相反，即"先子后父"。

参照上述创建 5 个表的 SQL 语句，可继续创建盛达公司数据库的供应商、入库单、入库明细、出库单、出库明细这 5 个表。

二、查看表的结构信息

1. MySQL 中两个查看表结构的命令

1）DESCRIBE（或缩写为 DESC）语句的结果是以表格的形式显示表的字段信息，包括字段名、字段数据类型、是否为 NULL、是否为主键、是否有默认值等，其语法格式如下：

```
DESCRIBE <表名>;
```

或者

```
DESC <表名>;
```

2）SHOW CREATE TABLE 语句的结果是显示创建表时的 CREATE TABLE 语句，其中选项"\G"将控制显示的格式更直观、清晰。

```
SHOW CREATE TABLE <表名>[ \G]
```

例 4.10 使用 DESC 命令显示订单表的结构信息。在 MySQL 命令行窗口输入下列语句：

```
DESC 订单;
```

执行结果如图 4.14 所示。

```
+----------+----------+------+-----+---------+-------+
| Field    | Type     | Null | Key | Default | Extra |
+----------+----------+------+-----+---------+-------+
| 订单号   | char(5)  | NO   | PRI | NULL    |       |
| 签单日期 | date     | YES  |     | NULL    |       |
| 客户编号 | char(5)  | NO   | MUL | NULL    |       |
| 送货地址 | char(20) | NO   |     | NULL    |       |
| 收货人   | char(8)  | NO   |     | NULL    |       |
| 职工号   | char(5)  | NO   | MUL | NULL    |       |
+----------+----------+------+-----+---------+-------+
```

图 4.14　查看订单表的结构信息

图 4.14 中所列项目的含义如下。

1）Null：表示该字段是否可以取 NULL 值。

2）Key：该字段是否已设置索引。PRI 表示该字段是表的主键部分，MUL 表示该字段可以有重复值（UNI 表示该字段是唯一索引的一部分）。

3）Default：是否有默认值。

例 4.11 使用 SHOW CREATE TABLE 语句查看创建表的 SQL 语句。在 MySQL 命令行窗口输入下列语句：

```
SHOW CREATE TABLE 客户\G
```

执行结果如图 4.15 所示。

```
*************************** 1. row ***************************
            Table: 客户
Create Table: CREATE TABLE '客户' (
  '客户编号' char(5) NOT NULL,
  '客户名称' char(20) NOT NULL,
  '联系人' char(8) DEFAULT NULL,
  '地址' char(20) DEFAULT NULL,
  '电话号码' char(15) DEFAULT NULL,
  PRIMARY KEY ('客户编号')
) ENGINE=InnoDB DEFAULT CHARSET=utf8mb4 COLLATE=utf8mb4_0900_ai_ci
```

图 4.15   查看创建客户表的 SQL 语句

上述语句将显示数据库引擎（ENGINE）的默认设置。数据库引擎是 MySQL 的核心组件。MySQL 中的数据可以用多种不同的技术存储在文件（或者内存）中，因为每一种技术应用的存储机制、索引技巧、锁定水平不同，所以基于每一种技术所提供的数据访问效率和事务处理的能力也不同。每一种实现技术称为一种数据库引擎。针对应用的整体功能需求，选择不同的数据库引擎，可以获得最佳效果。ENGINE = InnoDB 是默认的数据库引擎，详情请参见 MySQL 手册和其他资料。

2. MySQL 中查看表名称的命令

使用 SHOW TABLES 语句可以查询已创建表的名称，语句格式如下：

> SHOW TABLES；

例 4.12   使用 SHOW TABLES 语句查看已创建的表。在 MySQL 命令行窗口输入下列语句：

> SHOW TABLES；

执行结果如图 4.16 所示。

图 4.16   查看已创建的表

三、修改表结构

可以用 MySQL 的 ALTER TABLE 语句修改表的结构。下面结合实例来说明 ALTER

TABLE 语句的使用方法。

1. 在表中增加新字段，所有元组在这个新字段上都将赋值 NULL

增加新字段的语句格式：

ALTER TABLE<表名>ADD<列名><数据类型>；

例 4. 13 在职工表中添加"身份证号"字段，设定字段值是唯一的，并显示新增字段。在 MySQL 命令行窗口输入下列语句：

ALTER TABLE 职工 ADD 身份证号 CHAR(18) UNIQUE；
DESC 职工；

执行结果如图 4. 17 所示。

```
+-----------+-------------+-------+------+---------+-------+
| Field     | Type        | Null  | Key  | Default | Extra |
+-----------+-------------+-------+------+---------+-------+
| 职工号    | char(5)     | NO    | PRI  | NULL    |       |
| 姓名      | char(10)    | NO    |      | NULL    |       |
| 性别      | char(2)     | YES   |      | NULL    |       |
| 出生年月  | date        | YES   |      | NULL    |       |
| 职务      | char(10)    | YES   |      | NULL    |       |
| 工资      | decimal(8,2)| YES   |      | NULL    |       |
| 身份证号  | char(18)    | YES   | UNI  | NULL    |       |
+-----------+-------------+-------+------+---------+-------+
```

图 4. 17 在职工表中增加一个字段

2. 删除字段

删除字段的语句格式：

ALTER TABLE<表名>DROP <列名>；

例 4. 14 在订单表中先增加"联系电话"字段，再删除这个字段。在 MySQL 命令行窗口输入下列语句：

ALTER TABLE 订单 ADD 联系电话 CHAR(11)；
DESC 订单；

执行结果如图 4. 18a 所示。

然后，在命令行窗口输入下列语句：

ALTER TABLE 订单 DROP 联系电话；
DESC 订单；

执行结果如图 4. 18 b 所示。

3. 修改字段的数据类型

修改字段的数据类型的 SQL 语句格式：

```
+---------+---------+------+-----+---------+
| Field   | Type    | Null | Key | Default |
+---------+---------+------+-----+---------+
| 订单号  | char(5) | NO   | PRI | NULL    |
| 签单日期| date    | YES  |     | NULL    |
| 客户编号| char(5) | NO   | MUL | NULL    |
| 送货地址| char(20)| NO   |     | NULL    |
| 收货人  | char(8) | NO   |     | NULL    |
| 职工号  | char(4) | NO   | MUL | NULL    |
| 联系电话| char(11)| YES  |     | NULL    |
+---------+---------+------+-----+---------+
```
a）增加一个新字段

```
+---------+---------+------+-----+
| Field   | Type    | Null | Key |
+---------+---------+------+-----+
| 订单号  | char(5) | NO   | PRI |
| 签单日期| date    | YES  |     |
| 客户编号| char(5) | NO   | MUL |
| 送货地址| char(20)| NO   |     |
| 收货人  | char(8) | NO   |     |
| 职工号  | char(4) | NO   | MUL |
+---------+---------+------+-----+
```
b）删除字段

图 4.18　先增加一个新字段，再删除它

ALTER TABLE<表名> MODIFY COLUMN <列名><数据类型>;

例 4.15　修改客户表中"电话号码"字段的长度为 CHAR(11)，并显示客户表的结构信息。在 MySQL 命令行窗口输入下列语句：

ALTER TABLE 客户 MODIFY COLUMN 电话号码 CHAR(11);
DESC 客户;

执行结果如图 4.19 所示。

```
+---------+---------+------+-----+---------+-------+
| Field   | Type    | Null | Key | Default | Extra |
+---------+---------+------+-----+---------+-------+
| 客户编号| char(5) | NO   | PRI | NULL    |       |
| 客户名称| char(20)| NO   |     | NULL    |       |
| 联系人  | char(8) | YES  |     | NULL    |       |
| 地址    | char(20)| YES  |     | NULL    |       |
| 电话号码| char(11)| YES  |     | NULL    |       |
+---------+---------+------+-----+---------+-------+
```

图 4.19　修改字段的数据类型

四、删除表

删除表的 SQL 语句格式：

DROP TABLE <表名>;

注意：系统不允许删除已用 REFERENCES 子句定义的被参照表。例如，在订单表中定义外键"客户编号"，被参照表是客户表。若要删除客户表，则必须先删除订单表，否则系统拒绝删除操作。

例 4.16　假设在盛达公司数据库中，已经创建了客户、职工、商品、订单、订单明细、供应商、入库单、入库明细、出库单和出库明细共 10 个表，并且定义了参照完整性约束。如果要删除订单表，则必须先删除订单明细表，否则将违反参照完整性约束，系统拒绝执行

该删除操作，提示错误信息。在订单明细表存在的前提下，删除订单表时系统提示的错误信息如图 4.20 所示。

```
mysql> DROP TABLE订单;
    ERROR 3730 (HY000): Cannot drop table '订单' referenced by a foreign key constraint '订单明细 _ibfk_1'
    on table '订单明细'.
```

图 4.20　违反参照完整性约束的示例

要删除订单表，必须先删除订单明细表，执行下列顺序的 SQL 语句，则删除操作成功。

```
DROP TABLE 订单明细；
DROP TABLE 订单；
```

同理，若要删除客户表，则必须先删除订单明细表，再删除订单表，最后才能删除客户表。删除操作的 SQL 语句顺序如下：

```
DROP TABLE 订单明细；
DROP TABLE 订单；
DROP TABLE 客户；
```

五、创建索引

索引的原理类似于一本书的目录，先在目录中找到所寻内容的页数，然后根据页数直接找到相关的内容。在数据库系统中，根据索引关键字创建索引表（相当于书的目录），索引表中只有索引关键字和地址指针两列。当进行查询操作时，首先访问索引表，再根据索引关键字的地址指针在表中读出相关的数据，从而大大提高查询效率。但是，插入、修改、删除操作时需要更新索引表，索引可能会降低数据更新效率。

创建索引的 SQL 语句格式：

```
CREATE [ UNIQUE] <索引名称> ON <表名> (<字段 1>,<字段 2>,...);
```

说明：

1）索引可以建立在单个字段上，也可以建立在多个字段上。

2）UNIQUE 选项用于创建唯一索引，它用来保证字段取值的唯一性。如果输入重复值，则系统自动报错。

例 4.17　在商品表的商品编码字段上创建一个名为 SCODE 的索引。语句格式如下：

```
CREATE INDEX SCODE ON 商品(商品编码);
```

例 4.18　在职工表的身份证号字段上创建唯一索引，索引名称为 SFZNO。语句格式如下：

```
CREATE UNIQUE INDEX SFZNO ON 职工(身份证号);
```

说明：创建唯一索引之后，当输入一个重复的身份证号时，系统将产生错误提示：Duplicate value in index。

六、删除索引

在 MySQL 中，删除索引的 SQL 语句有两种格式：

> ALTER TABLE <表名> DROP INDEX <索引名>;
> DROP INDEX<索引名> ON <表名>;

例 4.19 删除在职工表中创建的索引 SFZNO。下面两个删除索引的语句的作用相同。

> ALTER TABLE 职工 DROP INDEX SFZNO;

或者

> DROP INDEX SFZNO ON 职工;

第五节　数据操作

本节将介绍 SQL 的基本数据操作，包括插入、更新和删除数据操作。

一、插入数据

在 SQL 中，数据插入语句有三种格式。

1. 指定字段名和要插入的值

> INSERT INTO <表名>(<字段 1>,<字段 2>,...,<字段 N>)
> 　　VALUES (<值 1>,<值 2>,...,<值 N>);

提示：这里的字段列表与要插入的值列表一一对应。如果值列表中的数据是字符型或者日期型，则必须使用英文单引号或双引号括起来。SQL 语句格式中固有的括号、引号、分号必须都是英文格式的。如果在中文输入模式下输入 SQL 语句的这些符号，则系统认为它们是语法错误。切记，输入 SQL 语句时必须切换到英文输入模式。

例 4.20 在职工表中插入一行数据，并查询所插入的数据。在 MySQL 命令行窗口输入下列语句：

> INSERT INTO 职工(职工号,姓名,性别,出生年月,职务,工资,身份证号)
> VALUES('E1','李树生','男','1981-3-12','经理',8800.00,'119198103125341');
> SELECT * FROM 职工;

执行结果如图 4.21 所示。

如果插入语句中字段列表的顺序与表中字段的顺序完全一致，则可以省略字段列表，默认为表中字段的顺序，上述语句也可以写成：

图 4.21　插入一行数据

```
INSERT INTO 职工
VALUES('E1','李树生','男','1981-3-12','经理',8800.00,'119198103125341');
```

可以在表中插入部分字段的数据，但不能违反实体完整性约束，即主键不能为空值。

例 4.21　在职工表中插入职工号为"E2"的职工的职工号、姓名和性别数据。在 MySQL 命令行窗口输入下列语句：

```
INSERT INTO 职工(职工号,姓名,性别) VALUES('E2','沈丽萍','女');
SELECT * FROM 职工;
```

执行结果如图 4.22 所示。

图 4.22　插入部分字段值

2. 将 VALUES 子句换成一个查询语句

SQL 的语法格式：

```
INSERT INTO <表名>(<列名表>)
        SELECT <列名表>
        FROM <表名>
```

例 4.22　创建一个名单表，将职工表的姓名和性别数据复制到名单表中。

1）创建一个名单表，SQL 语句如下：

```
CREATE TABLE 名单(姓名 CHAR(8),性别 CHAR(2));
```

2）将职工表中姓名和性别两列数据复制到名单表中。在 MySQL 命令行窗口输入下列语句：

```
INSERT INTO 名单(姓名,性别)
    SELECT 姓名,性别 FROM 职工;
```

3）输入下列语句以查看操作结果，如图 4.23 所示。

```
SELECT * FROM 名单;
```

图 4.23　查询结果

3. 利用 MySQL 的扩展功能，在表中一次插入多行数据

SQL 语句格式：

```
INSERT INTO <表名>(<字段 1>,<字段 2>,…,<字段 N>)
VALUES (<值 1>,<值 2>,…,<值 N>),
       (<值 1>,<值 2>,…,<值 N>),
       …
       (<值 1>,<值 2>,…,<值 N>);
```

例 4.23　在职工表中一次插入 3 行数据。在 MySQL 命令行窗口输入下列语句：

```
INSERT INTO 职工(职工号,姓名,性别)
VALUES('E3','韩康健','男'),('E4','何乃云','女'),('E5','王建南','男');
SELECT * FROM 职工;
```

执行结果如图 4.24 所示。

职工号	姓名	性别	出生年月	职务	工资	身份证号
E1	李树生	男	1981-03-12	经理	8800.00	119198103125341
E2	沈丽萍	女	NULL	NULL	NULL	NULL
E3	韩康健	男	NULL	NULL	NULL	NULL
E4	何乃云	女	NULL	NULL	NULL	NULL
E5	王建南	男	NULL	NULL	NULL	NULL

图 4.24　第三种插入格式运行结果

二、更新数据

MySQL 中数据更新语句格式：

```
UPDATE <表名>
SET <列名 1>=<新值 1>,<列名 2>=<新值 2>,…
WHERE <条件表达式>
```

例 4.24 将职工号为 E2 的职工数据补全，即输入出生年月、职务、工资和身份证号。在 MySQL 命令行窗口输入下列语句：

> UPDATE 职工 SET 出生年月='1980-10-18',职务='销售员',工资=4500,
> 身份证号='108198010184324' WHERE 职工号='E2';
> SELECT * FROM 职工 WHERE 职工号='E2';

执行结果如图 4.25 所示。

图 4.25　更新职工表中的数据

例 4.25 将订单明细表中订单号为"D2"、商品编码为"P2"的商品的订购数量增加 10%。

1）查看原来订购数量。在 MySQL 命令行窗口输入下列语句：

> SELECT * FROM 订单明细 WHERE 订单号='D2' AND 商品编码='P2';

查询结果如图 4.26 所示。

图 4.26　原来订购数量

2）更新订购数量，在 MySQL 命令行窗口输入下列语句：

> UPDATE 订单明细 SET 订购数量=订购数量*1.1
> WHERE 订单号='D2' AND 商品编码='P2';

3）查看更新结果，在 MySQL 命令行窗口输入下列语句：

> SELECT * FROM 订单明细 WHERE 订单号='D2' AND 商品编码='P2';

查询结果如图 4.27 所示。

注意：插入与更新语句的区别，插入是添加一个新行，更新是对已存在行中列的值进行修改。

图 4.27　更新结果

三、删除数据

在 SQL 中，删除数据语句格式：

```
DELETE FROM <表名> WHERE <条件表达式>;
```

例 4.26　从职工表中删除职工号为"E3"的职工。在 MySQL 命令行窗口输入下列语句：

```
DELETE FROM 职工 WHERE 职工号='E3';
SELECT * FROM 职工;
```

执行结果如图 4.28 所示。

职工号	姓名	性别	出生年月	职务	工资	身份证号
E1	李树生	男	1981-03-12	经理	8800.00	119198103125341
E2	沈丽萍	女	1980-10-18	销售员	4500.00	108198010184324
E4	何乃云	女	NULL	NULL	NULL	NULL
E5	王建南	男	NULL	NULL	NULL	NULL

图 4.28　删除数据结果

例 4.27　删除名单表中所有数据。在 MySQL 命令行窗口输入下列语句：

```
DELETE FROM 名单;
```

执行结果：

```
Empty set（0.00 sec）        //空集
```

说明：这个语句只删除名单表中的数据，并不删除表的结构，此时，名单表是一个空表。

第六节　SQL 查询语句

查询操作是 SQL 的核心功能。

一、SQL 查询语句的基本格式

> SELECT <列名表>
> FROM 表名
> WHERE <条件表达式>;

例如，从职工表中检索男职工的姓名和工资的 SQL 语句如下。

> SELECT 姓名,工资
> FROM 职工
> WHERE 性别='男';

该语句对应的关系代数表达式：$\Pi_{姓名,工资}(\sigma_{性别="男"}(职工))$

SQL 查询语句的基本格式包括 SELECT、FROM 和 WHERE 三个子句，下面举例说明这 3 个子句的使用方法。

1. SELECT 子句

SQL 查询语句的结果仍然是一个关系，该关系的属性由 SELECT 子句的字段列表给出。SELECT 子句的功能实现关系代数的投影操作。SELECT 子句的参数有多种形式。

（1）指定查询结果中所包括的字段名

例 4.28　列出工资在 5000 元及以上的职工的姓名和工资。在 MySQL 命令行窗口输入下列语句：

> SELECT 姓名,工资
> FROM 职工
> WHERE 工资>=5000;

（2）用 "＊" 号指定在查询结果中包括表的所有字段

例 4.29　列出职工表中职务为 "经理" 的职工的所有信息。在 MySQL 命令行窗口输入下列语句：

> SELECT ＊FROM 职工 WHERE 职务='经理';

查询结果如图 4.29 所示。

职工号	姓名	性别	出生年月	职务	工资	身份证号
E1	李树生	男	1981-03-12	经理	8800.00	119198103125341
E6	吴侨生	男	1970-12-10	经理	7900.00	109197012105331

图 4.29　查询结果

（3）包括表达式或函数（计算字段），可利用关键字 AS 指定输出结果的新列名

例 4.30　计算订单号为 "D2" 的订单中每种商品的订购金额，即订单明细表中的单价×

订购数量。在 MySQL 命令行窗口输入下列语句：

> SELECT 订单号,商品编码,单价,订购数量,单价 * 订购数量 AS 金额
> FROM 订单明细 WHERE 订单号 ='D2';

查询结果如图 4.30 所示。

图 4.30　更新订单明细表中的数据

例 4.31　显示所有男职工的姓名和年龄。在 MySQL 命令行窗口输入下列语句：

> SELECT 姓名, YEAR(NOW())-YEAR(出生年月) AS 年龄
> FROM 职工 WHERE 　性别='男';

查询结果如图 4.31 所示。

说明：YEAR()是一个内部函数，它的参数是一个日期型数据，可以返回日期型数据的年份（整数），例如，出生年月是"1985-4-12"，则返回值是 1985；NOW()是一个可以返回当前日期的内部函数，例如，返回当前日期是"2022-10-16"；YEAR(NOW())是先获得当前日期，再以当前日期为参数返回当前年份，上例中当前年份为 2022；最后，计算 2022-1985，年龄是 37 岁。

图 4.31　更新职工表中的数据

后续章节会介绍 SELECT 子句的更多用法，例如，SELECT 子句的参数可以是聚合函数等。

2. WHERE 子句

WHERE 子句的功能相当于关系代数的选择运算，指定从表中选择行的条件。条件表达式中可使用比较运算符、逻辑运算符和算术运算符。WHERE 子句中使用的运算符如下。

（1）比较运算符

比较运算符有<、<=、>、>=、=、<>，用于字符串表达式、算术表达式，以及特殊类型（如日期类型）的比较。比较表达式的运算结果是逻辑值真（T）或假（F），即表达式成立为真，否则为假。

例 4.32　列出职工表中工资在 6000 元及以上的职工的姓名和工资。在 MySQL 命令行窗口输入下列语句：

> SELECT 　姓名,工资 FROM 职工 WHERE 工资>=6000;

查询结果如图 4.32 所示。

图 4.32　例 4.32 查询结果

例 4.33　列出职工表中 1980 年 1 月 1 日之后出生的职工名单。在 MySQL 命令行窗口输入下列语句：

SELECT 姓名 FROM 职工 WHERE 出生年月>='1980-1-1';

查询结果如图 4.33 所示。

图 4.33　例 4.33 查询结果

注意：进行比较的数据类型必须一致。

（2）逻辑运算符

逻辑运算符有 AND（逻辑与）、OR（逻辑或）和 NOT（逻辑非）。可将多个比较表达式连接起来，构成复杂的逻辑表达式，表示复杂的条件。逻辑表达式的运算结果仍是逻辑值真（T）或假（F）。

例 4.34　列出职工表中 1980 年 1 月 1 日之后出生的男职工名单。

SELECT 姓名 FROM 职工
WHERE 出生年月>='1980-1-1' AND 性别='男';

查询结果如图 4.34 所示。

图 4.34　例 4.34 查询结果

例 4.35 列出男职工超过 40 岁或女职工超过 35 岁的职工的姓名、性别和年龄（以 2022 年为基准）。在 MySQL 命令行窗口输入下列语句：

```
SELECT 姓名,性别, YEAR(NOW())-YEAR(出生年月) AS 年龄
FROM 职工
WHERE ((YEAR(NOW())-YEAR(出生年月))>40 AND 性别='男') OR
      ((YEAR(NOW())-YEAR(出生年月))>35 AND 性别='女');
```

查询结果如图 4.35 所示。

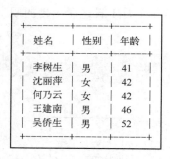

图 4.35　例 4.35 查询结果

3. FROM 子句

FROM 子句指定查询语句的数据来源（表名）。如果 FROM 子句指定多个表，则该查询语句实现关系代数的连接运算，连接条件可以用两种格式表示。

1）在 FROM 子句中，直接给出表与表之间的连接条件，详见第四章第七节内容。

2）在 WHERE 子句中，给出连接条件。

例 4.36 依据职工表、客户表和订单表 3 个表，列出签单日期在"2022-3-1"及之后的订单号、客户名称和职工姓名。

职工表与订单表的连接字段是职工号，客户表与订单表的连接字段是客户编号，恰好是两个自然连接运算，关系代数表达式为

$$\Pi_{\text{订单号},\text{客户名称},\text{姓名}}\sigma_{\text{签单日期}>="2022-3-1"}(\text{客户}\bowtie\text{订单}\bowtie\text{职工})$$

在 MySQL 命令行窗口输入下列语句：

```
SELECT 订单号,客户名称, 姓名, 签单日期
FROM 客户, 订单, 职工
WHERE 客户.客户编号=订单.客户编号 AND 职工.职工号=订单.职工号
AND 签单日期>='2022-03-01';
```

查询结果如图 4.36 所示。

注意：由于连接字段出现在多个表中，为了防止混淆，需要在列名前加上表名这个前缀。如果一个属性只出现一次，则可以不加前缀。

SQL 允许在 FROM 子句中使用表的别名（简名），可用别名代替表名。上述 SQL 语句可写成：

图 4.36   例 4.36 查询结果

> SELECT 订单号, 客户名称, 姓名, 签单日期
> FROM 客户 C, 订单 D, 职工 E
> WHERE C. 客户编号＝D. 客户编号 AND D. 职工号＝E. 职工号 AND
> 签单日期＞＝'2022-3-1';

如果对同一个关系中的不同元组进行运算，则使用别名非常有用，详见第四章第七节中"自连接"部分。

二、字符串操作

通常，字符串的定界符是英文格式的双引号或单引号，本部分例题采用单引号作为字符串的定界符。SQL 中字符串运算符是 LIKE 或 NOT LIKE。MySQL 中使用的字符串匹配符如下。

1）百分号"%"：表示任意字符串。

2）下画线"_"：表示任何一个字符。

字符串匹配符用法举例：

- "Be%"表示任何以"Be"开头的字符串；
- "%idge%"表示任何包含"idge"的字符串；
- "------"表示只含有六个字符的字符串；
- "------%"表示至少含有六个字符的字符串。

1. 字符串运算符 LIKE 的应用方法

例 4.37   列出职工表中所有姓李的职工的姓名。

> SELECT 姓名 FROM 职工 WHERE 姓名 LIKE '李%';

查询结果如图 4.37 所示。

图 4.37   例 4.37 查询结果

例 4.38 假设不知道某职工姓名中的某个字，在 MySQL 命令行窗口输入下列语句：

> SELECT 姓名 FROM 职工
> WHERE 姓名 LIKE '李_生%';

查询结果如图 4.38 所示。

图 4.38　例 4.38 查询结果

说明：如果字符型数据的前后包含空格，导致比较操作出错，则可以利用内置函数 trim 去除字段值中的前后空格，再进行比较运算。

本例的 SQL 语句可以写成：

> SELECT 姓名 FROM 职工 WHERE trim(姓名) LIKE '李_生';

2. 字符串运算符 NOT LIKE 的应用方法

例 4.39 检索所有职务不是经理的职工的姓名。在 MySQL 命令行窗口输入下列语句：

> SELECT 姓名 FROM 职工 WHERE 职务 NOT LIKE '经理%';

查询结果如图 4.39 所示。

图 4.39　例 4.39 查询结果

三、几个特殊的运算符

1）BETWEEN…AND…：在某个范围之内。

2）NOT BETWEEN…AND…：不在某个范围之内。

3）IN：指定字段的值属于指定集合中的一个元素，用法见表 4.2。

4）NOT IN：指定字段的值不属于指定集合的元素。

表 4.2　IN 运算符应用示例

字段名	表 达 式	说 明
性别	IN ('男', '女')	性别是"男"或者"女"
职务	IN('经理', '销售员', '会计')	职务是经理、销售员或会计
编号	IN(1,3,5,8)	编号只能是 1、3、5 或 8

例 4.40　检索工资在 3000 元到 5000 元范围内的职工信息。在 MySQL 命令行窗口输入下列语句：

> SELECT * FROM 职工 WHERE 工资 BETWEEN 3000 AND 5000;

查询结果如图 4.40 所示。

图 4.40　例 4.40 查询结果

等价的 SQL 语句：

> SELECT * FROM 职工 WHERE 工资>=3000 AND 工资<=5000;

如果要检索工资不在 3000 元到 5000 元范围内的职工信息，则 WHERE 子句可写成：

> WHERE 工资 NOT BETWEEN 3000 AND 5000

等价的 WHERE 子句：

> WHERE 工资<3000 　OR 工资>5000

例 4.41　检索在"2022-2-12"或"2022-5-13"签单的客户名称和签单日期。在 MySQL 命令行窗口输入下列语句：

> SELECT 客户名称,签单日期 FROM 客户 C,订单 D
> WHERE C.客户编号=D.客户编号 AND 签单日期 IN ('2022-2-12','2022-5-13');

查询结果如图 4.41 所示。

图 4.41　例 4.41 查询结果

等价的 SQL 语句：

```
SELECT 客户名称,签单日期 FROM 客户 C,订单 D
WHERE C. 客户编号 = D. 客户编号 AND
      (签单日期 = '2022-2-12' OR 签单日期 = '2022-5-13');
```

四、排序（ORDER BY 子句）

在 SQL 的查询语句中，可以利用 ORDER BY 子句对查询结果进行排序。ORDER BY 子句是查询语句的可选项，语法格式：

```
SELECT <列名表>
FROM 表名
WHERE <条件表达式>
ORDER BY <列名表> [ DESC] [ASC];
```

其中，DESC 表示降序，ASC 表示升序，默认为升序。

例 4.42 要求根据签单日期升序显示订单号、签单日期、客户名称、职工姓名。在 MySQL 命令行窗口输入下列语句：

```
SELECT 订单号,签单日期,客户名称,姓名
FROM 客户 C,订单 D,职工 E
WHERE C. 客户编号 = D. 客户编号 AND E. 职工号 = D. 职工号
ORDER BY 签单日期;
```

查询结果如图 4.42 所示。

图 4.42 排序结果

五、并操作（UNION 语句）

某些数据库系统的 SQL 具有专门的并、交、差操作语句，也有一些只有并操作语句，差和交操作可以通过子查询等方法实现。下面举例说明在 SQL 中实现并（联合）运算的方法。

例 4.43 列出商品编码为 P1 的商品的进价和售价一览表，即从入库明细表中查出 P1 的进价，从订单明细表中查出 P1 的单价（售价），要求先列出所有入库单号、商品编码、进价，再列出所有订单号、商品编码、单价，查询结果的列标题为（单号、商品编码、价格）。

其关系代数表达式：

$$\Pi_{\text{入库单号,商品编码,进价}}\sigma_{\text{商品编码}='P1'}(\text{入库明细})\cup\Pi_{\text{订单号,商品编码,单价}}\sigma_{\text{商品编码}='P1'}(\text{订单明细})$$

在 MySQL 命令行窗口输入下列语句：

```
SELECT 入库单号 AS 单号,商品编码,进价 AS 价格
FROM 入库明细
WHERE 商品编码 ='P1'
UNION
SELECT 订单号,商品编码,单价
FROM 订单明细
WHERE 商品编码 ='P1';
```

查询结果如图 4.43 所示。

```
+------+--------+-------+
| 单号 | 商品编码 | 价格  |
+------+--------+-------+
| R01  | P1     | 12.00 |
| R02  | P1     | 12.30 |
| R03  | P1     | 12.00 |
| R05  | P1     | 12.50 |
| D1   | P1     | 17.10 |
| D2   | P1     | 16.00 |
+------+--------+-------+
```

图 4.43　例 4.43 查询结果

在查询结果中，通过入库单号和订单号区分 P1 商品的进价与售价。在多个 SELECT 语句中，对应的列应该具有相同的字段属性，且第一个 SELECT 语句中使用的列名作为查询结果列标题。与 SELECT 语句不同，UNION 操作自动消除重复的元组。如果想要保留所有重复元组，则用 UNION ALL 代替 UNION。

六、聚合函数

聚合函数是对一组值进行计算，并返回单个值的函数。聚合函数经常与查询语句的 GROUP BY 子句一起使用，在查询结果中生成汇总值。表 4.3 中列出了 SQL 的聚合函数。

表 4.3　SQL 的聚合函数

函 数 名	功　　能	参 数 类 型
AVG	求平均值	数值
SUM	求总和	数值
MAX	求最大值	数值、其他类型
MIN	求最小值	数值、其他类型
COUNT	计数	数值、其他类型

其中，AVG 和 SUM 函数的参数必须是数值型，其他函数的参数还可以是非数值型，如字符串。聚合函数只能作为 SELECT 和 HAVING 子句的参数。除 COUNT 函数以外，其他聚

合函数忽略空值。

1. 求平均值函数

聚合函数 AVG 用于计算列中数值的平均值，所以函数 AVG 的参数必须是数值型。

例 4.44 计算职工表中销售员的平均工资。在 MySQL 命令行窗口输入下列语句：

```
SELECT AVG（工资）AS 平均工资
FROM 职工
WHERE 职务='销售员';
```

查询结果如图 4.44 所示。

图 4.44　计算结果

可以用四舍五入函数 ROUND(x,n)或者格式化函数 FORMAT(x,n)保留小数位数。

```
SELECT ROUND（AVG（工资），2）AS 平均工资
FROM 职工
WHERE 职务='销售员';
```

查询结果如图 4.45 所示。

图 4.45　四舍五入后的计算结果

上面的 SELECT 子句也可以写成 "SELECT FORMAT(AVG(工资)，2)"，输出结果相同。

2. 求总和函数

聚合函数 SUM 用于计算列中数值的总和，函数 SUM 的参数必须是数值型。

例 4.45 统计客户编号为 "C2" 的订单总金额。

分析：该查询是订单表和订单明细表的自然连接，金额=单价×订购数量，总金额=∑金额。
在 MySQL 命令行窗口输入下列语句：

```
SELECT FORMAT(SUM（订购数量 * 单价），2) AS 总金额
FROM 订单 D,订单明细 M
WHERE D. 订单号=M. 订单号 AND 客户编号= 'C2';
```

查询结果如图 4.46 所示。

图 4.46 计算总和

3. 求最大值和最小值函数

聚合函数 MAX 用于求列中的最大值，MIN 用于求列中的最小值，这两个函数的参数允许是数值型，也可以是其他数据类型（如字符型和时间型）。

例 4.46 找出职工中最高工资和最低工资。在 MySQL 命令行窗口输入下列语句：

> SELECT MAX(工资) AS 最高工资,MIN(工资) AS 最低工资
> FROM 职工;

查询结果如图 4.47 所示。

图 4.47 例 4.46 查询结果

例 4.47 显示职工中最早和最晚的出生日期。在 MySQL 命令行窗口输入下列语句：

> SELECT MIN(出生年月) AS 年龄最大,MAX(出生年月) AS 年龄最小
> FROM 职工;

查询结果如图 4.48 所示。注意：出生年月是日期型数据，日期型数据的特点是最大数据恰好是最近的日期。

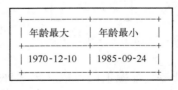

图 4.48 例 4.47 查询结果

4. 计数函数

聚合函数 COUNT 用于统计表中的行数。COUNT 函数有以下 3 种格式。

1) COUNT(*)：统计所有行数，包括含有空值的行。

2) COUNT(字段名)：计算表中字段值非空值的行数。

3) COUNT(DISTINCT(字段名))：计算表中字段值唯一且非空值的行数。

下面结合实例,利用 COUNT( )函数的三种格式统计行数,观察 COUNT( )函数的不同使用方法。

例 4.48　在职工表中插入一名新职工的职工号、姓名和性别,其他字段值为 NULL。在 MySQL 命令行窗口输入下列语句:

> INSERT INTO 职工(职工号,姓名,性别) VALUES('E7','葛小燕','女');
> SELECT ＊ FROM 职工;

执行结果如图 4.49 所示。

```
+-------+--------+--------+------------+--------+---------+--------------------+
| 职工号 | 姓名    | 性别   | 出生年月     | 职务    | 工资     | 身份证号            |
+-------+--------+--------+------------+--------+---------+--------------------+
| E1    | 李树生  | 男     | 1981-03-12 | 经理    | 8800.00 | 119198103125341    |
| E2    | 沈丽萍  | 女     | 1980-10-18 | 销售员  | 4500.00 | 108198010184324    |
| E3    | 韩康健  | 男     | 1985-09-24 | 销售员  | 6580.00 | 108198509245331    |
| E4    | 何乃云  | 女     | 1980-07-09 | 会计    | 5500.00 | 106198007095424    |
| E5    | 王建南  | 男     | 1976-10-23 | 销售员  | 7600.00 | 107197610234321    |
| E6    | 吴侨生  | 男     | 1970-12-10 | 经理    | 7900.00 | 109197012105331    |
| E7    | 葛小燕  | 女     | NULL       | NULL   | NULL    | NULL               |
+-------+--------+--------+------------+--------+---------+--------------------+
```

图 4.49　职工表数据

(1) 统计职工人数,即包括存在空值的行在内(第一种格式)在 MySQL 命令行窗口输入下列语句:

> SELECT COUNT(＊) AS 职工人数
> FROM 职工;

统计结果如图 4.50 所示。

```
+----------+
| 职工人数  |
+----------+
| 7        |
+----------+
```

图 4.50　统计结果 1

(2) 统计职工表中"身份证号"非空值的行数(第二种格式)在 MySQL 命令行窗口输入下列语句:

> SELECT COUNT(身份证号) AS 有身份证人数
> FROM 职工;

统计结果如图 4.51 所示。

(3) 应用关键字 DISTINCT (第三种格式)

DISTINCT 用于获取字段所有的不同值,包括 NULL。DISTINCT 的作用是去除字段的重

图 4.51　统计结果 2

复值（使字段所有取值都是唯一的），COUNT(字段名)函数计算时忽略空值（NULL）。

　　1）列出现有职工中所有职务名称的种类，包括没有职务（NULL）的情况。在 MySQL 命令行窗口输入下列语句：

> SELECT DISTINCT 职务 AS 职别 FROM 职工；

统计结果如图 4.52 所示，包括没有职务的情况，共 4 种。

图 4.52　DISTINCT 用法

　　2）统计公司设置职务的种类数目，不包括职务为空值（NULL）。在 MySQL 命令行窗口输入下列语句：

> SELECT COUNT(DISTINCT 职务) AS 种类数目
> FROM 职工；

查询结果如图 4.53 所示，排除没有职务的情况，共 3 种。

图 4.53　COUNT(DISTINCT)用法

七、分组（GROUP BY 和 HAVING 子句）

　　在 SQL 的查询语句中，可以用 GROUP BY 子句实现对查询结果的分组，还可以利用 HAVING 子句对 GROUP BY 分组的结果进行筛选，保留满足条件的分组。GROUP BY 和 HAVING 子句是查询语句的可选项，语法格式：

```
SELECT <字段列表>
FROM 表名
WHERE <条件表达式>
GROUP BY <分组表达式>
HAVING <筛选条件表达式>;
```

1. GROUP BY 子句

GROUP BY 子句中的分组表达式可以是一个属性或者多个属性，其功能是将在分组表达式上具有相同值的行分为一个组。

例 4.49 统计职工表中男职工和女职工的人数。

在 MySQL 命令行窗口输入下列语句：

```
SELECT 性别, COUNT(性别) AS 人数
FROM 职工 GROUP BY 性别;
```

查询结果如图 4.54 所示。该语句的功能是按照性别将职工分为两组，分别统计每一组的人数。

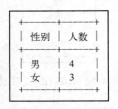

图 4.54　分组查询

例 4.50 统计订单明细表中每一种商品的最高、最低和平均订购数量。在 MySQL 命令行窗口输入下列语句：

```
SELECT 商品编码, MAX(订购数量) AS 最高量, AVG(订购数量) AS 平均订购量,
MIN(订购数量) AS 最低量
FROM 订单明细
GROUP BY 商品编码;
```

查询结果如图 4.55 所示。

商品编码	最高量	平均订购量	最低量
P1	450.0	400.00000	350.0
P2	560.0	537.50000	500.0
P3	1000.0	1000.00000	1000.0
P4	350.0	350.00000	350.0

图 4.55　分组计算

注意：在带有 GROUP BY 子句的查询语句中，SELECT 子句的列名表中必须包括分组表达式，还可以包括聚合函数，除此之外，不能有其他字段名。

2. HAVING 子句

在使用 GROUP BY 子句时，还可以利用 HAVING 子句对 GROUP BY 的分组结果进行筛选，保留满足条件的分组。HAVING 子句的格式：

HAVING <条件表达式>

HAVING 与 WHERE 子句都有<条件表达式>，注意两者之间的区别。WHERE 子句中的<条件表达式>是在 GROUP BY 分组之前起作用，而 HAVING 子句的<条件表达式>是在形成分组后起作用，所以，在 HAVING 的条件表达式中可以使用聚合函数（这一点与 WHERE 不同）。

例 4.51 检索在 2022 年 3 月 1 日~2022 年 12 月 31 日期间，客户订购商品的总金额超过 18000 元的客户编号、总金额。在 MySQL 命令行窗口输入下列语句：

```
SELECT 客户编号,SUM(单价 * 订购数量) AS 总金额
FROM 订单 D,订单明细 M
WHERE D. 订单号 = M. 订单号 AND 签单日期 BETWEEN '2022-3-1' AND '2022-12-31'
GROUP BY 客户编号
HAVING SUM(单价 * 订购数量)>18000;
```

分析这条语句的执行过程，以及 WHERE、GROUP BY 和 HAVING 子句的执行顺序。

1) 首先，执行自然连接运算：订单表⋈订单明细表，再执行 WHERE 子句以选择 2022 年 3~6 月的订单，去除不满足条件的订单（2022 年 3 月之前的订单），结果共 5 行，如图 4.56 所示。

```
+-------+--------------+----------+----------+-------+----------+
| 订单号 | 签单日期       | 客户编号  | 商品编码  | 单价  | 订购数量  |
+-------+--------------+----------+----------+-------+----------+
| D2    | 2022-03-15   | C2       | P1       | 16.00 | 450.0    |
| D2    | 2022-03-15   | C2       | P2       | 20.00 | 560.0    |
| D3    | 2022-04-14   | C4       | P2       | 20.00 | 540.0    |
| D3    | 2022-04-14   | C4       | P4       | 18.00 | 350.0    |
| D4    | 2022-05-13   | C3       | P2       | 20.00 | 500.0    |
+-------+--------------+----------+----------+-------+----------+
```

图 4.56 执行 WHERE 子句的结果

2) 执行 GROUP BY 子句，按照客户编号分为 3 组，分别计算每一组的订购总金额，如图 4.57 所示。

3) 执行 HAVING 子句，以订购总金额超过 18000 元为条件，筛选分组结果，最后满足筛选条件的只有 1 组，如图 4.58 所示。

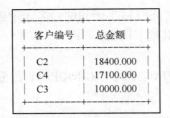

图 4.57 分组计算结果

图 4.58 分组筛选结果

八、空值（NULL）

在 SQL 中，允许使用 NULL 表示某个属性的值为空（即没有值）。下面结合实例说明空值的处理方法和使用原则。

1. 测试空值运算符（IS NULL 和 IS NOT NULL）

在 SQL 中，允许在条件表达式中使用特殊的运算符号 IS NULL 来测试属性值是否为空值，或者用 IS NOT NULL 测试是否为非空值。下面举例说明这两个运算符的使用方法。

例 4.52 检索职工中身份证号为空值的职工号和姓名。在 MySQL 命令行窗口输入下列语句：

```
SELECT 职工号,姓名 FROM 职工
WHERE 身份证号 IS NULL;
```

查询结果如图 4.59 所示。

图 4.59 IS NULL 用法示例

例 4.53 检索职工中身份证号为非空值的职工号和姓名。

```
SELECT 职工号,姓名   FROM   职工
WHERE 身份证号 IS NOT NULL;
```

查询结果如图 4.60 所示。

图 4.60 IS NOT NULL 用法示例

2. 空值的处理原则

算术运算和比较运算中对 NULL 的处理方法如下。

1）若算术运算（+、-、＊或/）的参数中含有 NULL，则该算术表达式的运算结果是 NULL。

2）若比较运算中有 NULL 作为比较对象，则比较结果为假（false）。

3）SQL 规定，比较运算中有 NULL 作为比较对象，则比较结果是"不知道"（unknown），而不用假（false）来表示。

4）其他几乎所有情况都将 unknown 作为 false。

3. 聚合函数对 NULL 的处理原则

1）SUM、AVG、MIN、MAX 函数忽略参数中的空值（NULL）。若所有参数值都是空值（NULL），则函数的返回值是 NULL。

2）COUNT 函数对参数中的空值（NULL）计数。若所有参数值都是空值（NULL），则函数的返回值是 0。

第七节　SQL 的连接查询

同时涉及两个及两个以上表的查询称为连接查询。连接查询是关系数据库中的主要查询方式，包括等值连接查询、自然连接查询、非等值连接查询、自连接查询、外连接查询和复合条件查询等。连接的概念已经在第二章第四节阐述过，本节是对这个概念的具体实现。

在 SQL 的早期版本中，实现连接操作的方法是在 FROM 子句中指定连接操作的表名，在 WHERE 子句中给出连接条件。

例 4.54　依据职工表、客户表和订单表 3 个表，列出签单日期在 2022-1-1 及其后的订单号、客户名称和职工姓名。在 MySQL 命令行窗口输入下列语句：

```
SELECT 订单号,客户名称,姓名 FROM 客户,订单,职工
WHERE 客户.客户编号=订单.客户编号 AND 职工.职工号=订单.职工号
AND 签单日期>='2022-1-1';
```

查询结果如图 4.61 所示。

```
+------+--------------+--------+
| 订单号 | 客户名称       | 姓名    |
+------+--------------+--------+
| D1   | 光明纺织公司    | 韩康健  |
| D2   | 大洋制衣公司    | 何乃云  |
| D3   | 蓝鸟家纺公司    | 何乃云  |
| D4   | 磐新家纺公司    | 韩康健  |
+------+--------------+--------+
```

图 4.61　查询结果

在 SQL-92 标准发布之后，SQL 提供了更丰富的连接功能，包括内连接、自然连接、左外连接、右外连接、自连接，同时增加了在 FROM 子句中定义连接条件的方法。

FROM 子句的语法格式：

> FROM <表1><连接类型><表2>［ON（<连接条件>）］

因此，例4.54中的 SQL 语句也可以写成：

> SELECT 订单号,客户名称,姓名
> FROM（客户 C INNER JOIN 订单 D ON（C.客户编号＝D.客户编号））
> INNER JOIN 职工 E ON(E.职工号＝D.职工号)
> WHERE 签单日期>='2022-1-1';

说明：利用 FROM 子句定义连接条件，不仅可以简化连接条件的表达方法，而且能够提高查询效率。在 SQL 系统中，FROM、WHERE 和 HAVING 子句执行时的逻辑顺序是：

1）FROM 子句中的连接条件。

2）WHERE 子句中的连接条件和选择条件。

3）HAVING 子句中的筛选条件。

因此，建议用 FROM 子句定义连接条件。表4.4中列出了5种连接及其关键字。

表4.4 连接类型

连 接 名 称	关 键 字
内连接	INNER JOIN
自然连接	NATURAL JOIN
左外连接	LEFT OUTER JOIN
右外连接	RIGHT OUTER JOIN
自连接	SELF JOIN

一、内连接

内连接（INNER JOIN）也称为等值连接。它是以连接属性值相等为条件的连接，在连接的结果中，仅包含两个关系笛卡儿积中连接属性值相等的元组，且不消除重复的属性。

用 FROM 子句表示内连接的子句格式：

> FROM R INNER JOIN S［ON（<连接条件>）］

例4.55 假设供应商 S1 又以客户身份购买商品，则该供应商又是一个客户，执行下列 SQL 语句，在客户表中插入供应商 S1 的信息，其客户编号为 C6。

在 MySQL 命令行窗口输入下列语句：

> INSERT INTO 客户 VALUES（'C6','南沭阳商贸公司','何向阳','上海崇明嵩山路3号',
> '1357682987'）;

如果检索既是供应商又是客户的公司信息，则该查询涉及供应商和客户这两个表，连接条件：<厂商名称＝客户名称>。在 MySQL 命令行窗口输入下列语句：

```
SELECT 供应商.*,客户.*
FROM 供应商 INNER JOIN 客户 ON 厂商名称=客户名称;
```

查询结果如图 4.62 所示。

厂商编号	厂商名称	供应商.联系人	供应商.地址	供应商.电话号码	客户编号	客户名称	客户.联系人	客户.地址	客户.电话号码
S1	南沭阳商贸公司	何向阳	上海崇明嵩山路3号	1357682987	C6	南沭阳商贸公司	何向阳	上海崇明嵩山路3号	1357682987

图 4.62　内连接示例

这是一个内连接的例子，查询结果中只包含满足连接条件的一行。为了避免混淆，两个表的同名属性前面需要加上表名前缀。

二、自然连接

自然连接是以公共属性值相等为条件的连接，且消除重复列。 自然连接是最常用的连接操作。通常的公共属性是一个表的主键和另一个表的外键，这恰好是关系之间实现连接的方法。通过自然连接将相互独立的表连接起来，从连接结果中获取多个表之间的相关数据，这正是自然连接操作的微妙所在。

例 4.56　根据客户表、订单表、订单明细表和商品表，列出订购商品规格为"245"的客户名称和订购数量。

分析：客户名称来自客户表，商品规格来自商品表，订购数量来自订单明细表，客户表通过订单表与订单明细表联系，所以这个查询是 4 个表的自然连接。

其关系代数表达式：

$$\Pi_{客户名称,订购数量}(\sigma_{规格="245"}(客户\bowtie 订单\bowtie 订单明细\bowtie 商品))$$

在 MySQL 命令行窗口输入下列语句：

```
SELECT 客户名称,订购数量
FROM 客户 A INNER JOIN 订单 B ON (A.客户编号=B.客户编号)
INNER JOIN 订单明细 C ON (B.订单号=C.订单号)
INNER JOIN 商品 D ON (C.商品编码=D.商品编码) WHERE 规格='245';
```

查询结果如图 4.63 所示。

```
+--------------+----------+
| 客户名称      | 订购数量  |
+--------------+----------+
| 光明纺织公司  |   350.0  |
| 光明纺织公司  |  1000.0  |
| 大洋制衣公司  |   450.0  |
+--------------+----------+
```

图 4.63　自然连接示例

等价的 SQL 语句：

```
SELECT 客户名称,订购数量
FROM 客户 A,订单 B,订单明细 C,商品 D
WHERE A. 客户编号=B. 客户编号 AND B. 订单号=C. 订单号 AND
        C. 商品编码=D. 商品编码 AND 规格='245';
```

这是一个自然连接的示例,查询结果中包含满足连接条件的行,且没有重复列。

三、左外连接

左外连接(LEFT OUTER JOIN)的结果中,除内连接结果以外,还包括左表不相匹配的元组,且其对应的右表值为空值。

实现左外连接的 SQL 子句格式:

```
FROM 左表 LEFT OUTER JOIN 右表 ON (<连接条件>)
```

例 4.57 查询客户的订单状况,包括没有订单的客户。在 MySQL 命令行窗口输入下列语句:

```
SELECT A. 客户编号,客户名称,订单号
FROM 客户 A LEFT OUTER JOIN 订单 B ON (A. 客户编号= B. 客户编号);
```

查询结果如图 4.64 所示。

```
+-------+-------------+--------+
| 客户编号 | 客户名称      | 订单号  |
+-------+-------------+--------+
| C1    | 光明纺织公司   | D1     |
| C2    | 大洋制衣公司   | D2     |
| C3    | 磬新家纺公司   | D4     |
| C4    | 蓝鸟家纺公司   | D3     |
| C5    | 嘉禾纺织公司   | NULL   |
| C6    | 南沭阳商贸公司 | NULL   |
+-------+-------------+--------+
```

图 4.64 左外连接示例

左外连接的结果中,除满足连接条件的行以外,还包含左关系不满足连接条件的行,而其对应的右关系的值为空值。

四、右外连接

右外连接(RIGHT OUTER JOIN)的结果中,除内连接结果以外,还包括右表不相匹配的元组,且其对应的左表值为空值。

实现右外连接的 SQL 子句格式:

```
FROM 右表 RIGHT OUTER JOIN 左表 ON (<连接条件>)
```

例 4.58 查询商品的销售情况,包括没有在任何订单明细中出现过的商品(滞销)。在 MySQL 命令行窗口输入下列语句:

```
SELECT B. 商品编码, 品名, SUM(订购数量) AS 销售数量
FROM 订单明细 A RIGHT OUTER JOIN 商品 B ON（A. 商品编码=B. 商品编码）
GROUP BY B. 商品编码,品名;
```

查询结果如图 4.65 所示。

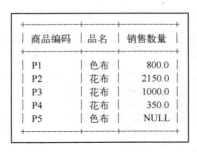

图 4.65　右外连接示例

由此可见，右外连接的结果中，除满足连接条件的行以外，还包含右关系不满足连接条件的行，而其对应的左关系值全部填充空值（NULL）。

例 4.59　查询滞销商品，即在任何订单明细中没有出现过的商品。

在 MySQL 命令行窗口输入下列语句：

```
SELECT B. 商品编码,品名,订单号
FROM 订单明细 A RIGHT OUTER JOIN 商品 B ON（A. 商品编码=B. 商品编码）
WHERE 订单号 IS NULL;
```

查询结果如图 4.66 所示。

图 4.66　查询滞销商品

五、自连接

SQL 查询语句不仅可以实现多个关系的连接操作，还可以利用别名实现同一个关系的自连接。

例 4.60　列出职工中比何乃云工资高的职工姓名和工资。在 MySQL 命令行窗口输入下列语句：

```
SELECT R. 姓名,R. 工资
FROM 职工 R,职工 S
WHERE R. 工资> S. 工资 AND S. 姓名='何乃云';
```

从原理上分析语句执行过程：

1）FROM 子句中的两个关系进行笛卡儿乘积（也称乘积或交叉连接）。

2）从笛卡儿乘积中选择满足条件（R. 工资 > S. 工资 AND S. 姓名 ='何乃云'）的元组。

3）再投影。

查询结果如图 4.67 所示。

图 4.67　自连接示例

注意：这是用别名方法实现一个表内部自身连接运算的示例。

第八节　嵌 套 查 询

嵌套查询亦称子查询，是指将一条 SELECT-FROM-WHERE 查询语句嵌入另一条查询语句中。例如，在图 4.68 中，将一条查询语句嵌入另一条查询语句中，外层查询称为父查询，内层查询称为子查询。SQL 中允许多层嵌套。

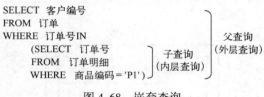

图 4.68　嵌套查询

根据内层查询向外层查询传递数据的方式，可以将子查询分为两类，一类是子查询独立运行，将查询结果传递给外层查询，外层查询再根据子查询的结果运行，称之为不相关子查询；另一类是子查询需要根据外层查询提供的数据运行，然后，将查询结果传递给外层查询，子查询的运行依赖于外层查询，称之为相关子查询。下面通过示例说明子查询的特点和应用。

一、简单嵌套查询

由于查询语句的运行结果是一个关系（元组的集合），因此子查询的结果必然也是一个关系。在嵌套查询中，常将 IN 或 NOT IN 运算符号作为外层查询与内层查询之间的连接运算符号，假设子查询结果为关系 R，则内、外层查询之间的连接格式可以写成：

WHERE<表达式 e>〔NOT〕IN（R）

其中，R是含有1个或多个属性且有0个或多个元组的关系，"<表达式e> [NOT] IN（R）"构成一个条件表达式。IN（或NOT IN）用于测试<表达式e>的值是否属于（或不属于）一个集合的成员。如果使用IN运算符，则当<表达式e>的值属于R中的某一个元组时，条件表达式为真（TRUE），否则为假（FALSE）；与其相反，如果使用NOT IN运算符，则仅当<表达式e>的值不属于R中的任何一个元组时，条件表达式为真（TRUE），否则为假（FALSE）。

例4.61 查询订购P1商品的客户编号。在MySQL命令行窗口输入下列语句：

```
SELECT 客户编号
FROM 订单
WHERE 订单号 IN
    （SELECT 订单号
    FROM 订单明细
    WHERE 商品编码='P1'）;
```

下面分析这条嵌套查询语句的执行过程。

1）执行内层查询：

```
SELECT 订单号
FROM 订单明细
WHERE 商品编码= 'P1'
```

内层查询的结果是一组订单号（'D1','D2'）。

2）执行外层查询：

```
SELECT 客户编号
FROM 订单
WHERE 订单号 IN（'D1','D2'）
```

查询结果如图4.69所示。

图4.69 两层嵌套查询示例

例4.62 查询订购P1商品的客户名称和联系人。在MySQL命令行窗口输入下列语句：

```
SELECT 客户名称,联系人
FROM 客户
WHERE 客户编号 IN
```

```
    (SELECT 客户编号
    FROM 订单
    WHERE 订单号 IN
        (SELECT 订单号
        FROM 订单明细
        WHERE 商品编码='P1'));
```

这是一个 3 层嵌套查询，属于不相关子查询。下面分析这条查询语句的执行过程。

1）执行最内层子查询的结果是('D1','D2')。

2）执行第二层子查询的结果是('C1','C2')。

3）执行最外层查询：

```
    SELECT 客户名称,联系人
    FROM 客户
    WHERE 客户编号 IN ('C1','C2');
```

查询结果如图 4.70 所示。

图 4.70　三层嵌套查询示例

例 4.63　列出没有订购 P1 商品的客户编号。在 MySQL 命令行窗口输入下列语句：

```
    SELECT 客户编号
    FROM 订单
    WHERE 订单号 NOT IN
        (SELECT 订单号
        FROM 订单明细
        WHERE 商品编码='P1');
```

查询结果如图 4.71 所示。

图 4.71　例 4.63 查询结果

例 4.64　查询订购 P2 商品数量最多的客户编号。在 MySQL 命令行窗口输入下列语句：

```
SELECT 客户编号              //第 3 步，按订单号找出客户编号
FROM 订单
WHERE 订单号 IN
    (SELECT 订单号              //第 2 步，获得最多订购数量的订单号
    FROM 订单明细
    WHERE 商品编码='P2' AND   订购数量=
        (SELECT MAX(订购数量)   //第 1 步，找出最多订购数量(450)
        FROM 订单明细
        WHERE 商品编码='P2'));
```

查询结果如图 4.72 所示。

图 4.72　例 4.64 查询结果

注意：在 WHERE 子句中不能使用集合函数，所以不能写成：

```
WHERE 订购数量=MAX(订购数量);
```

例 4.65　列出职工中比何乃云工资高的职工姓名和工资。（例 4.60 的另一种解法）

```
SELECT 姓名,工资         //第 2 步，找出工资高于 5500 的职工姓名和工资
FROM 职工
WHERE 工资>
    (SELECT 工资         //第 1 步，找出何乃云的工资(5500)
    FROM 职工
    WHERE 姓名='何乃云');
```

查询结果如图 4.73 所示。

图 4.73　例 4.65 的查询结果

通常情况下，连接操作也可以用子查询方法实现，例如，例 4.60 和例 4.65 分别用连接与嵌套查询解决了同一个问题，但并非所有子查询都能够用连接操作替代。

二、在其他语句中使用嵌套查询

在外查询的 WHERE 子句中包含子查询是最常用的子查询方式之一。在扩展的 SQL 系统中，还可以用子查询替代表达式，除在 ORDER BY 列表中以外，在 SELECT、UPDATE、INSERT 和 DELETE 语句中，任何可以使用表达式的地方都可以使用子查询来替代。

1. 在 SELECT 子句中嵌入子查询，把子查询作为一个表达式

例 4. 66 列出职工的工资、平均工资，以及每个人的工资与平均工资之间的差额。

在 MySQL 命令行窗口输入下列语句：

```
SELECT 职工号,姓名,工资,
(SELECT ROUND(AVG(工资),2) FROM 职工) AS 平均工资,
   工资-(SELECT ROUND(AVG(工资)) FROM 职工) AS 差额
FROM 职工;
```

查询结果如图 4.74 所示。

职工号	姓名	工资	平均工资	差额
E1	李树生	8800.00	6813.33	1987.00
E2	沈丽萍	4500.00	6813.33	−2313.00
E3	韩康健	6580.00	6813.33	−233.00
E4	何乃云	5500.00	6813.33	−1313.00
E5	王建南	7600.00	6813.33	787.00
E6	吴侨生	7900.00	6813.33	1087.00
E7	葛小燕	NULL	6813.33	NULL

图 4.74 在 SELECT 子句中嵌入子查询

注意：职工号为 E7 的葛小燕的工资为空，AVG 函数对工资为空值（NULL）的情况忽略不计。

2. 在 UPDATE 语句中嵌入子查询

例 4. 67 将客户编号为"C1"的客户订购商品的价格折扣 5%。在 MySQL 命令行窗口输入下列语句：

```
UPDATE 订单明细 SET 单价=单价*0.95
WHERE 订单号 IN (SELECT 订单号 FROM 订单 WHERE 客户编号='C1');
```

图 4.75 显示了修改前后的订单明细，可见订单号为"D1"的订单中所有商品的单价均折扣 5%。

3. 在 DELETE 语句中嵌入子查询

例 4. 68 撤销客户编号为"C1"的订单。

分析：因为订单表和订单明细表之间实施参照完整性，如果没有在订单明细表的外键子句中设置 ON DELETE CASCADE 级联删除选项，则可以分两步删除，即先删除子表（订单明细表）中的记录，再删除父表（订单表）中的记录。先利用子查询找出该客户的订单号，

订单号	商品编码	单价	订购数量
D1	P1	18.00	350.0
D1	P2	20.00	550.0
D1	P3	22.00	1000.0

订单号	商品编码	单价	订购数量
D1	P1	17.10	350.0
D1	P2	19.00	550.0
D1	P3	20.90	1000.0

图 4.75　查看价格折扣数据

再依据订单号删除订单明细记录，最后在订单表中删除订单记录。

```
DELETE FROM 订单明细 WHERE 订单号 IN
(SELECT 订单号 FROM 订单 WHERE 客户编号 = 'C1');
DELETE FROM 订单 WHERE 客户编号 = 'C1';
```

本 章 小 结

SQL 是一种类英语的语言。它只用十几个英语单词和简单的语法结构就可以完成复杂的查询操作。它是一种非过程化语言，只需要说明做什么，而不需要说明怎样做，具体操作全部由 DBMS 自动完成。

SQL 包括数据定义语言、数据操纵语言和数据控制语言三部分。

CREATE TABLE 语句用于创建表，其中 PRIMARY KEY 子句定义主键和实体完整性约束，在创建表的同时利用 FOREIGN KEY 子句定义外键、参照完整性和表之间的联系。由于参照完整性的约束，因此创建表的顺序是"先父后子"，而删除表的顺序正好相反。

在数据操纵语句中，INSERT INTO 用于插入数据、UPDATE 用于更新数据、DELETE 用于删除数据。SQL 查询语句是 SQL 的核心，基本语句格式是 SELECT … FROM … WHERE，还包括排序、分组、筛选、连接、嵌套等多种查询功能。

本章难点是连接查询和嵌套查询。连接查询是多表操作，实质上是从两个表或多个表之间的笛卡儿积中选择某些满足连接条件的元组和属性构成的新关系。由于连接条件和连接操作的目的不同，因此连接操作可分为内连接、自然连接、左外连接、右外连接等，其中最常用的是自然连接。嵌套查询是指一条 SELECT-FROM-WHERE 查询语句嵌入另一条查询语句中，通常是将一条查询语句作为一个表达式嵌套在 SELECT 或 WHERE 子句中，也可以用于 INSERT、UPDATE、DELETE 语句的 WHERE 子句中。

习　　题

一、单项选择题

1. SQL 是　　　　　　　　　　　　　　　　　　　　　　　　　　　　　【　　】
   A. 高级语言　　　　　B. 宿主语言　　　　　C. 汇编语言　　　　　D. 非过程化语言

2. 在 SQL 查询语句中，SELECT 子句实现关系代数的　　　　　　　　　　　【　　】
   A. 投影运算　　　　　B. 选择运算　　　　　C. 连接运算　　　　　D. 交运算

3. 在 SQL 查询语句中，WHERE 子句实现关系代数的 【　　】

　　A. 投影运算　　　　　　B. 选择运算　　　　　　C. 连接运算　　　　　D. 交运算

4. 为了在查询结果中去掉重复元组，应该使用保留字 【　　】

　　A. UNIQUE　　　　　　　B. UNION　　　　　　　C. COUNT　　　　　　D. DISTINCT

5. 当关系 R 和 S 进行自然连接时，能够保留 R 中不满足连接条件元组的操作是【　　】

　　A. 左外连接　　　　　　B. 右外连接　　　　　　C. 内连接　　　　　　D. 自连接

6. SQL 中，更新表结构的命令是 【　　】

　　A. UPDATE　TABLE　　　　　　　　　　B. MODIFY　TABLE

　　C. ALTER　TABLE　　　　　　　　　　 D. CHANGE　TABLE

7. 下列聚合函数中，不忽略空值（null）的是 【　　】

　　A. SUM(列名)　　　　B. MAX(列名)　　　　C. AVG(列名)　　　　D. COUNT(＊)

8. 在 SQL 中，下列涉及空值操作的短语中，不正确的是 【　　】

　　A. AGE IS NULL　　　　　　　　　　　 B. AGE IS NOT NULL

　　C. AGE＝NULL　　　　　　　　　　　　D. NOT（AGE IS NULL)

9. SQL 中，删除一个表的命令是 【　　】

　　A. CLEAR TABLE　　　　　　　　　　　B. DROP TABLE

　　C. DELETE TABLE　　　　　　　　　　 D. REMOVE TABLE

10. 设有一个关系：DEPT(DNO,DNAME)，如果要找出倒数第三个字母为 W，并且至少包含 4 个字母的 DNAME，则查询条件子句应写成 WHERE DNAME LIKE 【　　】

　　A. '_ _W_%'　　　　B. '_ W _%'　　　　C. '_ W _ _'　　　　D. '_ %W _ _'

11. 已知班级和学生的关系如图 4.76 所示。

班级

班级代号	班级名称	专业名称
C01	信息 01	信息管理
C02	信息 02	信息管理

学生

学号	姓名	性别	班级代号
101	王明	男	C01
102	高兰	女	C02
104	姜禾	男	C01

图 4.76　班级与学生的关系

执行下列语句，在学生关系中插入新数据：

Ⅰ. INSERT INTO 学生 VALUES(101,'李玲','女','C01')

Ⅱ. INSERT INTO 学生 VALUES(103,'田京','男','C03')

Ⅲ. INSERT INTO 学生 VALUES(106,'康瑜','男',NULL)

Ⅳ. INSERT INTO 学生 VALUES(105,'何光','男','C02')

能正确执行的语句是 【　　】

　　A. Ⅰ、Ⅱ　　　　　　　　　　　　　　B. Ⅲ、Ⅳ

　　C. Ⅰ、Ⅱ、Ⅲ　　　　　　　　　　　 D. Ⅰ、Ⅱ、Ⅲ、Ⅳ

二、解答题

1. 设有 3 个关系模式：

业务员(<u>业务员编号</u>,业务员姓名,性别,年龄,月薪)

订单(订单号,日期,客户编号,业务员编号,金额)

客户(客户编号,客户姓名,地址,类别)

用 SQL 语句解答下列问题。

1）显示所有 50 岁以上女业务员的姓名和年龄。

2）检索年龄最大的业务员的姓名和年龄。

3）显示所有业务员的姓名和月薪，要求按照月薪降序排列。

4）检索月薪在 2000 元到 3000 元之间的业务员的姓名。要求使用 BETWEEN 关键词。

5）统计每个客户签订订单的数目和总金额。

6）检索所有经办客户王明订单的业务员的姓名（分别用连接和子查询实现）。

7）统计每个业务员签订 500 元以上订单的数目，要求按照订单数降序排列。

8）检索签订两个以上订单的业务员的姓名。

9）将所有业务员的月薪增加 10%。

10）将业务员关悦的月薪改为 3500 元。

11）检索超过平均月薪的业务员的姓名和年龄。

12）将签订订单总金额超过 2 万元的业务员的月薪增加 5%。

2. 设有 3 个关系模式：

学生(学号,姓名,性别,专业,籍贯)

课程(课程号,课程名,学时,性质)

成绩(学号,课程号,分数)

回答下列问题。

1）检索所有女学生的姓名。试写出实现该查询的关系代数表达式。

2）检索选修数据库课程的学生姓名。要求写出关系代数表达式和 SQL 语句来实现这个查询。

3）检索课程号为 C101，且分数在 90 分以上（含 90 分）的学生的姓名。要求写出关系代数表达式和 SQL 语句来实现这个查询。

4）写出 SQL 语句，检索学习课程号为 C101 的课程中分数最高的学生的姓名。

5）写出 SQL 语句，检索所有未选修课程号为 C101 的课程的学生姓名。

6）写出 SQL 语句，在成绩表中增加"学分"列，并根据"学分＝学时/18"的算法，填上每门课程的学分。

7）写出 SQL 语句，实现关系代数表达式：成绩－$\sigma_{分数>=60}$(成绩)。

8）写出 SQL 语句，检索选修 5 门以上课程的学生姓名。

9）创建一个查询成绩的视图 VSK，其属性有姓名、课程名和分数。

10）检索学生选课情况，显示姓名、课程名和分数，其中包括没有选课的学生。

三、上机实验一

1. 为了深入理解本章相关的基本概念和操作方法，在 MySQL 命令行窗口中将本章所有例题中的代码运行一遍，为了提高学习效率，可以直接复制源代码并粘贴到命令行中，观察语句功能和执行结果。

2. 根据第四章第四节给出的关系模式，参照本章相关例题，创建盛达公司数据库，在该数据库中创建 10 个表，其中相关例题中包括 5 个表，其他 5 个表的结构如下所示，要求在各表中输入样例数据。

供应商表

列名	厂商编号	厂商名称	联系人	地址	电话号码
数据类型	CHAR(5)	CHAR(20)	CHAR(8)	CHAR(20)	CHAR(15)

入库单表

列名	入库单号	厂商编号	送货日期	来单编号	职工号
数据类型	CHAR(5)	CHAR(5)	DATE	CHAR(10)	CHAR(4)

入库明细表

列名	入库单号	商品编码	进价	入库数量
数据类型	CHAR(5)	CHAR(5)	DEC(5,1)	DEC(6,1)

出库单表

列名	出库单号	订单号	发货日期	送货地址	收货人	职工号
数据类型	CHAR(5)	CHAR(5)	DATE	CHAR(10)	CHAR(8)	CHAR(4)

出库明细表

列名	出库单号	商品编码	发货数量
数据类型	CHAR(5)	CHAR(5)	DEC(6,1)

3. 在盛达公司数据库中，用 SQL 语句实现下列操作。

1）列出男职工中超过 33 岁或女职工中超过 30 岁的职工的姓名、性别和年龄。

2）检索所有不是"销售员"的职工姓名。

3）检索工资在 4000 元到 6000 元范围内的职工信息。

4）列出 2023 年 4 月 1 日或 2015 年 4 月 30 日的入库明细。

5）要求按照送货日期升序显示入库单号、送货日期、厂商名称、经办人（职工姓名）。

6）计算每个客户的应收货款，即其订单的总金额。

7）检索出库明细表中每一种商品的最高、最低和平均出库数量。

8）统计入库明细表中每一种商品的入库总数量、平均价格和总金额。

9）检索在 2022 年 1 月 1 日~2022 年 12 月 31 日期间，客户订购商品的总金额超过 20000 元的客户编号、订单数和总金额。

10）查询商品的销售情况，包括没有在任何订单明细表中出现过的商品（滞销商品）。

11）列出职工中比何乃云工资高的职工的姓名和工资。

12）查询订购 P1 商品的客户名称和联系人。

13）查询订购 P2 商品，且订购数量最多的客户编号。

14）将客户编号为 C1 的客户所订购商品的价格折扣 5%。

15）将客户编号为 C1 的客户的订单撤销。

第五章 数据库编程

学习目标：

1. 掌握数据库编程的基本概念、基本方法，能够设计简单数据库程序，编写代码。
2. 掌握存储过程的用途、创建、调用和相关的操作方法。
3. 了解存储函数的创建、调用方法，以及存储过程与存储函数的区别。
4. 理解游标的原理、用途和应用方法。
5. 掌握数据库触发器的设计和应用方法，设计简单的数据库触发器。

建议学时：6 学时

教师导读：

1. 本章的主要操作是编写、调试和运行数据库程序，比第四章中的单命令交互方式更复杂，不仅要熟悉静态的语句格式，还需要考虑程序的逻辑结构、调试程序技巧、识别和纠正错误等问题。

2. 本章内容偏重操作性，边学边上机操作是提高学习效率的好办法。建议上机操作时，使用文本编辑器或 Word 便捷、快速地编写代码，然后将代码复制并粘贴到命令行窗口执行。

3. 初学者可以复制本教材附带的源代码，并将它们粘贴到命令行窗口运行，以便快速掌握本教材中的重点和难点。

4. 本章内容实践性强，要求考生完成上机实验二。

第四章中已经详细介绍了交互式 SQL，但这种 SQL 仅限于以单命令方式操作数据库，缺乏灵活的数据处理能力。当前，许多 DBMS 都提供了编程环境下的 SQL。在标准 SQL 的基础上，将高级程序设计语言的方法引入 SQL，扩充了程序流程控制语句和实现关系集合运算的方法，将一组 SQL 命令编写为程序执行，完成了更复杂的业务处理任务。

本章将在交互式 SQL 的基础上，增加有关 SQL 程序设计的内容。SQL 编程技术主要用于创建存储过程、函数、触发器，其中涉及局部变量、全局变量、控制流语句、游标等编程技术。

SQL 编程兼顾交互式 SQL 和高级程序设计语言编程的特点，在学习的过程中，要善于理解 SQL 和高级程序设计语言的区别，用熟悉的知识来理解新学的内容，以达到事半功倍的效果。

SQL 编程思路类似于 C 语言程序设计的思路，也需要使用内存变量、分支、循环等程序设计方法，所以学习 SQL 程序设计时要用高级程序设计语言的方法理解 SQL 程序设计，从关系运算的特点理解游标等技术的特点。

本章以 MySQL 为实验平台，SQL 程序设计也以 MySQL 的编程方法为基础，且尽量选择比较通用的内容，便于读者学以致用。

第一节　创建存储过程

在 MySQL 中，创建批处理脚本、存储过程、函数和触发器四种情况下，需要 SQL 编程以及 SQL 程序的存储和调用。本节从创建存储过程开始，阐述 SQL 程序设计的基本概念和设计方法。在掌握存储过程的基本设计方法之后，可以举一反三，创建批处理脚本、函数和触发器。

一、存储过程

存储过程（Stored Procedure）是存储在数据库服务器上的 SQL 程序。为了改善数据库系统的性能，当前许多数据库产品都提供了存储过程功能，允许用户将常用的访问数据库的 SQL 程序作为一个过程进行编译并存储在数据库中，供用户调用。

存储过程主要有四个优点。

1）在创建存储过程以后，可以多次调用它而不必重写程序。修改存储过程不影响调用的程序，提高了程序的可移植性。

2）存储过程不仅可用 SQL 语句，还可以使用一些控制程序流程的语句，如 BEGIN…END、IF…THEN…ELSE、WHILE…END_WHILE 等语句，定义局部变量和给变量赋值，编写复杂的业务处理程序。

3）存储过程以编译后的形式存储在数据库中，在调用时不必再进行语法分析以及查询优化处理，所以存储过程能够提高系统的执行速度。

4）存储过程能够减少网络流量。客户端在调用存储过程时，只需要与数据库服务器端传递参数、结果和少量必要的消息，从而减少了网络的信息流量。

二、创建存储过程

存储过程是一个经过编译并存储在数据库中的 SQL 程序。在不同的 DBMS 中，创建存储过程的方法有所区别，但基本方法和思路大同小异。下面以 MySQL 创建存储过程的方法为例，介绍创建存储过程的基本方法。

1. 创建存储过程的 SQL 语句

基本语法格式：

```
CREATE PROCEDURE<存储过程名>（[IN|OUT|INOUT] 参数 1 数据类型 1,
[IN|OUT|INOUT] 参数 2 数据类型 2,…)
        BEGIN
            存储过程体；
        END；
```

关于创建存储过程的说明如下。

1）在 CREATE PROCEDURE 语句中，可以声明多个参数。通过参数传递，实现用户与存储过程之间的数据交互。当调用存储过程时，必须按参数声明的顺序和类型提供实参（常量或变量）。

依据参数传递的方式，参数分为如下 3 种类别。

- IN：输入参数（默认为 IN 参数），该参数的值由调用程序指定。
- OUT：输出参数，可将存储过程计算结果返回调用程序。
- INOUT：具有输入和输出两类参数的特点，参数的值由调用程序指定，又能将计算结果返回调用程序。

2）只能在当前数据库中创建存储过程，因为执行 CREATE PROCEDURE 语句后，经过编译的存储过程作为数据库的对象存储在数据库中，保存在数据库服务器端。

3）为了用户使用更方便，DBMS 针对常见的数据库操作设计了大量系统存储过程，供用户调用。用户也可以根据某些特殊业务操作，创建自己的存储过程并存储在数据库中。存储过程不仅能够简化数据库操作，而且有利于安全性控制。

2. 调用存储过程的 SQL 语句

```
CALL 存储过程名(参数列表);
```

3. 删除存储过程的 SQL 语句

```
DROP PROCEDURE <存储过程名>;
```

例如，要删除存储过程 PROA，可以直接使用如下删除语句

```
DROP PROCEDURE PROA;
```

但在程序设计中，更完善的删除方法是用 IF 语句判断是否存在这个存储过程，如果存在，就删除，否则不执行删除操作。常用的方法：

```
DROP PROCEDURE IF EXISTS PROA;      -- 若存在，就删除
```

4. 创建存储过程示例

例 5.1　创建一个名为 PROA 的存储过程，查询所有职工的工资。

创建存储过程 PROA 的代码如下：

```
DELIMITER $$
DROP PROCEDURE IF EXISTS PROA;
CREATE PROCEDURE PROA( )
BEGIN
SELECT 姓名, 工资 FROM 职工;
END $$
DELIMITER;
```

这是一个最简单的存储过程，下面解释其中的要点。

1）MySQL 中默认的语句结束符为分号 ";"。在存储过程中，多个 SQL 语句的结束符都是分号，编译系统难以识别程序段的真正结束符，容易导致歧义性错误，因此，为了避免冲突，通常临时换一个不常用的符号作为结束符，程序结束后再换回来。这里先用 "DE-LIMITER $$" 将 MySQL 的结束符设置为 $$，然后用 "DELIMITER;" 将结束符恢复成分号。

这也是 MySQL 系统独有的。DELIMITER 专门用于修改结束符。

2）EXISTS 是存在量词，经常用于判断数据库、表、列、存储过程、触发器等是否存在，如果对一个存在（或者不存在）的对象进行操作，就会出现错误，所以在操作之前先判断对象是否存在很重要。上述代码中先用 IF EXISTS 判断存储过程是否存在，如果存在，则删除，然后才能顺利地创建存储过程。IF EXISTS 的用途很广泛，多处会用到。

3）BEGIN 与 END $$分别表示开始和结束，相当于 C 语言中的大括号（{}），是一段程序的开始和结束的标志。

4）切换到命令行窗口，在提示符"mysql>"处输入创建存储过程的代码，续行符"->"是等待继续输入的状态，直到编译器认为代码输入已结束为止，然后开始编译执行代码，给出成功或者错误提示信息。代码以及执行结果如图 5.1 所示。

5）如果有电子版的源代码，则可以直接复制它并粘贴到命令行窗口，观察代码的运行和功能，减少输入和调试错误的时间。这是快速理解概念的便捷方法。

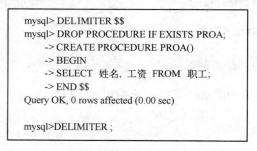

```
mysql> DELIMITER $$
mysql> DROP PROCEDURE IF EXISTS PROA;
    -> CREATE PROCEDURE PROA()
    -> BEGIN
    -> SELECT 姓名, 工资 FROM 职工;
    -> END $$
Query OK, 0 rows affected (0.00 sec)

mysql>DELIMITER ;
```

图 5.1　创建存储过程

在代码执行完毕后，如果没有报出错误，就表示存储过程 PROA 已经创建成功，可以利用 CALL 语句调用它。

调用存储过程 PROA 的 SQL 语句：

```
CALL PROA();
```

调用存储过程的代码及其执行结果如图 5.2 所示。

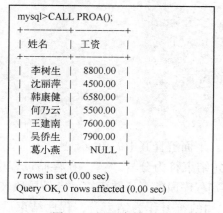

```
mysql>CALL PROA();
+--------+---------+
| 姓名   | 工资    |
+--------+---------+
| 李树生 | 8800.00 |
| 沈丽萍 | 4500.00 |
| 韩康健 | 6580.00 |
| 何乃云 | 5500.00 |
| 王建南 | 7600.00 |
| 吴侨生 | 7900.00 |
| 葛小燕 |    NULL |
+--------+---------+
7 rows in set (0.00 sec)
Query OK, 0 rows affected (0.00 sec)
```

图 5.2　调用存储过程

存储过程体是存储过程的核心部分，也是 SQL 编程的重点。

第二节　SQL 编程基础

本节将介绍 SQL 编程基本语句和程序设计的方法，并以示例说明编写和调试复杂存储过程的方法。

一、BEGIN…END 语句

BEGIN…END 语句的作用实际上相当于 C 语言中的"｛｝"，从 BEGIN 开始到 END 为止的若干 SQL 语句作为一个语句块执行。

语法格式：

```
BEGIN
<SQL 语句序列>
END
```

说明：允许 BEGIN…END 语句块嵌套。通常 BEGIN…END 语句与 IF…ELSE 或 WHILE 等控制流语句一起使用。

二、注释

MySQL 允许在代码中加注释以说明代码的含义，增强程序的可读性。注释是非执行语句，不执行任何操作。

MySQL 中有下列 3 种注释方法。

1）单行注释符#：在该注释符后直接加注释内容。

```
#查询职工表的数据
SELECT * FROM 职工;
```

2）单行注释符--：在该注释符后需要加一个空格，注释才能生效。

```
-- 删除职工表中的数据
DELETE FROM 职工;
```

3）多行注释符/* */：从"/*"开始到"*/"结束，可以跨越多行注释内容。

```
/*查询职工表的工资数据，按照假设规则计算个人所得税，计算方法：
个人所得税=(工资-3600)*3%    */
```

> 提示：在调试程序时，利用注释符将调试中的某些 SQL 语句暂时注释掉，将整个程序分解成若干块，逐步深入地找出错误和调试程序。

三、变量

在 MySQL 中，有四种变量类型，即局部变量、用户变量、会话变量和全局变量，局部变量和用户变量是根据用户需要，由用户创建的；会话变量和全局变量则属于系统变量，系统变量是指在变量名前面有两个@，系统变量根据系统运行需要创建和赋值。这里仅对局部变量和用户变量进行深入阐述。

1. 局部变量

局部变量通常用在 SQL 语句块中，例如存储过程的 BEGIN…END 中，其作用域仅限于该语句块，当该语句块执行结束后，局部变量就无效了。局部变量在使用前必须用 DECLARE 语句声明，可用 DEFAULT 子句指定默认值；没有使用 DEFAULT 子句的话，默认值为 NULL。局部变量可以用 SET 语句或者 SELECT 语句赋值。

（1）声明局部变量的语句格式

DECLARE 变量名［,…］数据类型［DEFAULT 默认值］；

例 5.2 声明 name、zg_salary、tax 为局部变量。

```
DECLARE name CHAR(8);
DECLARE zg_salary,tax DECIMAL(8,2);
```

（2）变量赋值语句的三种格式

格式一：SET 变量名＝表达式［,变量名＝表达式］…；

例 5.3 给 name、zg_salary、tax 三个局部变量赋值。

SET name='李华',zg_salary=8000,tax=zg_salary * 0.05;

格式二：SELECT 变量名＝<表达式>；

例 5.4 给局部变量 name 赋值。

SELECT name='李华';

格式三：将查询结果指定给变量（查询结果必须是单一值），语句格式如下。

```
SELECT 字段名[,字段名,...] INTO 变量名[,变量名,...]
       FROM 表名
       [WHERE <条件表达式>];
```

（3）显示变量值的语句

SELECT 变量名[,变量名]…；

例 5.5 创建一个名为 PROB 的存储过程，按照职工号计算职工的个人所得税，假设计算方法是(工资-3600)×0.03。要求使用例 5.2 中声明的局部变量 name、zg_salary 和 tax。创建存储过程 PROB 的代码及其运行结果如图 5.3 所示。

在创建存储过程成功之后，还需要通过调试来判断存储过程的功能是否达到要求。设置测试用例的参数，调用存储过程，观察运行结果。

调用存储过程 PROB（'E2'）的 SQL 语句：

```
mysql> DELIMITER $$
mysql> DROP PROCEDURE IF EXISTS PROB;
    -> CREATE PROCEDURE PROB(IN num CHAR(5))
    -> BEGIN
    ->DECLARE name CHAR(8);
    ->DECLARE zg_salary,tax DECIMAL(8,2);
    -> SELECT 姓名, 工资  INTO name, zg_salary
    -> FROM 职工
    -> WHERE 职工号  LIKE num;
    -> SET tax= (zg_salary-3600)*0.03;
    -> SELECT name, zg_salary,tax;
    -> END $$
Query OK, 0 rows affected (0.00 sec)
Query OK, 0 rows affected (0.00 sec)
mysql>DELIMITER ;
```

图 5.3　创建存储过程 PROB

CALL PROB('E2') ;

在命令行窗口输入的代码及其执行结果如图 5.4 所示。

```
mysql>CALL PROB('E2');
+--------+-----------+-------+
| name   | zg_salary | tax   |
+--------+-----------+-------+
| 沈丽萍 |   4500.00 | 27.00 |
+--------+-----------+-------+
```

图 5.4　调用存储过程的语句及其执行结果

2. 用户变量

用户变量是用户在客户端连接数据库后创建的变量，用户变量的有效期从创建开始，直至数据库断开为止。MySQL 中的用户变量不用声明，在变量名前面加"@"就可直接使用。用户变量的赋值方法有下列三种。

第一种方法是用 SET 语句创建用户变量并赋值，赋值符号可以是"＝"或"：＝"。语句格式如下：

SET @ num＝'E2';

或

SET @ num：＝'E2';

在命令行窗口输入语句后按〈Enter〉键，执行结果如图 5.5 所示。注意：执行完毕后不显示变量值。

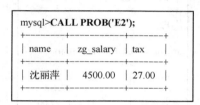

图 5.5　用 SET 语句创建用户变量

第二种方法是用 SELECT 语句创建用户变量并赋值，赋值符号必须用"：＝"。例如，创建一个用户变量@num，并赋值 E1。

> SELECT @num：='E1';

执行结果如图 5.6 所示。

图 5.6　创建用户变量并赋值

上述两种赋值语句的区别是 SELECT 语句创建、赋值和显示用户变量，而 SET 语句只是创建和赋值用户变量，且不显示变量的值。

例 5.6　定义一个用户变量，作为调用存储过程的参数。SQL 语句及其执行结果如图 5.7 所示。

图 5.7　用户变量的应用示例

第三种方法是将 SELECT 语句查询结果的字段值赋给变量。

> SELECT @num：=字段名 FROM 表名 WHERE <条件表达式>;

例 5.7　将对职工表的查询结果的字段值赋给变量。在例 5.5 中创建存储过程 PROB 时使用过这个语句。

> SELECT 姓名,工资 INTO @name,@zg_salary
> FROM 职工
> WHERE 职工号 LIKE 'E1';

四、SQL 的控制流语句

在存储过程、触发器的设计中，利用控制流语句可以控制程序的执行顺序，增强程序对复杂事务的处理能力。流程控制结构有如下三类。

● 顺序结构：程序从上往下依次执行。

● 分支结构：程序从两条或多条路径中选择一条去执行。

● 循环结构：程序在满足一定条件的基础上，重复执行一段代码。

所有程序设计语言都有这三种流程控制结构。下面介绍分支结构和循环结构。

1. 分支结构

（1）IF 语句

IF 语句也称为条件分支语句，它的基本语法格式：

```
IF <条件表达式> THEN <语句序列 1>；
[ELSE <语句序列 2>；]
END IF
```

功能：如果条件表达式的结果为真，则执行语句序列 1，否则执行语句序列 2。语句序列是一个 SQL 语句或者从 BEGIN 开始到 END 结束的若干语句块。

MySQL 的 IF 语句允许多层嵌套，嵌套语句的格式如下：

```
IF <条件表达式 1> THEN <语句序列 1>
ELSEIF <条件表达式 2> THEN <语句序列 2>
…
ELSE <语句序列 n>
END IF；
```

针对复杂条件判断问题，程序中需要多层嵌套，但是分析程序结构的方法还是依据基本语句格式，可以把内层的 IF 语句看成外层的一个语句序列。例如，例 5.8 中点画线范围内是一个 IF 结构。

例 5.8 假设某银行按照存款余额对客户银行卡进行分级，存款余额大于或等于 50 万元为钻石卡，大于或等于 5 万元且小于 50 万元为金卡，低于 5 万元为普通卡。试编写一个存储过程，根据存款余额判断客户等级。

下面进行编程要点分析，可参见程序流程图（见图 5.8）。

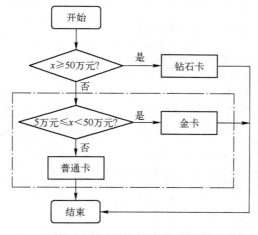

图 5.8 IF 语句的程序流程图

1）存储过程有两个参数，一个用于输入账号，另一个用于输出客户的级别。

2）定义表示存款余额的变量 amount，通过一个以账号为条件的查询语句获得该账户的存款余额，并将余额传递给这个变量。

3）首先，第一个 IF 语句判断余额是否大于或等于 50 万元，如果条件成立，则输出变量赋值"钻石卡"，然后执行 END IF 后面的语句，否则 ELSEIF 又是一个条件分支语句。

4）ELSEIF 的判断条件是大于或等于 5 万元且小于 50 万元，如果条件成立，则输出变量赋值"金卡"，否则输出变量赋值"普通卡"。

具体步骤如下。

第一步：在命令行窗口输入创建账户表和插入 3 行数据的 SQL 语句，该语句及其执行结果如图 5.9 所示。

图 5.9　准备实验数据

第二步：在命令行窗口输入创建存储过程 PROM 的代码，运行结果如图 5.10 所示。

```
mysql>DELIMITER ;
mysql> DELIMITER $$
mysql> DROP PROCEDURE IF EXISTS PROM;
    -> CREATE PROCEDURE PROM(in Accno int(11),out Level varchar(10))
    -> BEGIN
    -> DECLARE amount DEC(10,2);
    -> SELECT 余额 INTO amount FROM 账户 WHERE 账号 = Accno;
    -> IF amount>=500000 THEN SET Level= '钻石卡';
    -> ELSEIF (amount<500000 AND amount>=50000) THEN
    -> SET Level = '金卡';
    -> ELSE SET Level = '普通卡';
    -> END IF;
    -> END$$
Query OK, 0 rows affected (0.01 sec)
Query OK, 0 rows affected, 1 warning (0.01 sec)
```

图 5.10　创建存储过程 PROM

第三步：在命令行窗口输入测试存储过程 PROM 的代码，运行结果如图 5.11 所示。

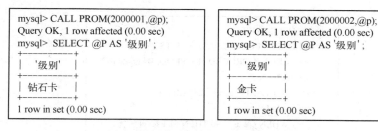

图 5.11　测试存储过程 PROM 的正确性

（2）CASE 语句

CASE 语句用于实现比 IF 语句更为复杂的多条件判断，语法格式如下：

```
CASE
    WHEN <条件表达式 1> THEN <语句序列 1>;
    WHEN <条件表达式 2> THEN <语句序列 2>;
    …
    [ ELSE <语句序列 N>; ]
END CASE;
```

CASE 语句的程序流程图如图 5.12 所示，首先依次判断条件表达式是否成立，一旦遇到一个条件表达式成立，则执行该条件对应的语句序列。如果所有条件都不成立，且有 ELSE 选项，则执行 ELSE 对应的语句序列，否则不执行任何语句，结束 CASE 语句。

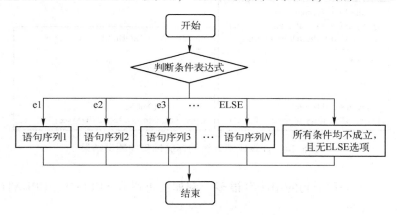

图 5.12　CASE 语句的程序流程图

例 5.9　创建一个名为 PROD 的存储过程，将学生的分数折算为成绩等级，算法：

- 分数≥90，级别为"优"；
- 分数<90 且分数≥80，级别为"良"；
- 分数<80 且分数≥70，级别为"中"；
- 分数<70 且分数≥60，级别为"及格"；
- 分数<60，级别为"不及格"。

在命令行窗口输入的代码及其执行结果如图 5.13 所示。

```
mysql> DELIMITER $$
mysql> DROP PROCEDURE IF EXISTS PROD;
    ->    CREATE PROCEDURE PROD( IN grade INT)
    ->    BEGIN
    ->    DECLARE   level   CHAR(10);
    ->    CASE
    ->    WHEN grade >=90 THEN SET level = '优';
    ->    WHEN grade >=80 THEN SET level = '良';
    ->    WHEN grade >=70 THEN SET level = '中';
    ->    WHEN grade >=60 THEN SET level = '及格';
    ->    WHEN grade <60 THEN SET level = '不及格';
    ->    END CASE;
    ->    SELECT level;
    ->    END$$
Query OK, 0 rows affected (0.01 sec)
Query OK, 0 rows affected (0.01 sec)
mysql>DELIMITER ;
```

图 5.13　CASE 语句应用示例

在创建存储过程成功后，需要测试存储过程的正确性。调用存储过程，设置不同的参数，观察输出结果，判断代码正确性的运行结果如图 5.14 所示。

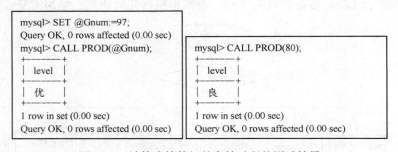

图 5.14　计算成绩等级的存储过程的测试结果

在 MySQL 中，CASE 语句的用法有很多，例如，可以在 SELECT、UPDATE 等语句中将 CASE 语句作为函数调用。

例 5.10　假设有成绩表 STUG（学号，姓名，课程名称，分数，等级），要求编写一个存储过程 PROK，根据学号和分数，填写等级（参照例 5.9 中的优、良、中、及格和不及格）。

1）创建 STUG 表，插入 3 行实验数据。在命令行窗口输入的代码及其执行结果如图 5.15 所示。

2）新建存储过程 PROK。在命令行窗口输入的代码及其执行结果如图 5.16 所示。

3）调用存储过程 PROK，验证其正确性。在命令行窗口输入的代码及其执行结果如图 5.17 所示。

```
mysql> CREATE TABLE STUG
    -> (学号  CHAR(8) PRIMARY KEY,
    ->  姓名  CHAR(10),
    ->  课程名称  CHAR(20),
    ->  分数  DEC(4, 1),
    ->  等级  CHAR(10));
Query OK, 0 rows affected (0.03 sec)
```

```
mysql> INSERT INTO STUG(学号, 姓名, 课程名称, 分数)
    -> VALUES (2000001, '韩小康', '英语', 90),
    ->  (2000002, '何云山', '英语', 79),
    ->  (2000003, '王南南', '数学', 45);
Query OK, 3 rows affected (0.01 sec)
Records: 3   Duplicates: 0   Warnings: 0
```

```
mysql> SELECT * FROM STUG;
+---------+--------+----------+------+------+
| 学号    | 姓名   | 课程名称 | 分数 | 等级 |
+---------+--------+----------+------+------+
| 2000001 | 韩小康 | 英语     | 90.0 | NULL |
| 2000002 | 何云山 | 英语     | 79.0 | NULL |
| 2000003 | 王南南 | 数学     | 45.0 | NULL |
+---------+--------+----------+------+------+
3 rows in set (0.01 sec)
```

图 5.15   创建 STUG 表并插入 3 行数据

```
mysql> DELIMITER $$
mysql> DROP PROCEDURE IF EXISTS PROK;
    -> CREATE  PROCEDURE  PROK(IN  SNO  CHAR(8))
    -> BEGIN
    -> UPDATE  STUG  SET 等级=
    -> (CASE
    ->  WHEN 分数 >=90  THEN   '优'
    ->  WHEN 分数 >=80  THEN   '良'
    ->  WHEN 分数 >=70  THEN   '中'
    ->  WHEN 分数 >=60  THEN   '及格'
    ->  WHEN 分数 <60   THEN   '不及格'
    ->  END    )
    -> WHERE 学号=SNO;
    -> SELECT * FROM   STUG;
    ->  END$$
Query OK, 0 rows affected, 1 warning (0.00 sec)
Query OK, 0 rows affected (0.01 sec)
mysql> DELIMITER;
```

图 5.16   创建调用 CASE 语句的存储过程 PROK

```
mysql> CALL PROK ('2000001');
+---------+--------+----------+------+------+
| 学号    | 姓名   | 课程名称 | 分数 | 等级 |
+---------+--------+----------+------+------+
| 2000001 | 韩小康 | 英语     | 90.0 | 优   |
| 2000002 | 何云山 | 英语     | 79.0 | NULL |
| 2000003 | 王南南 | 数学     | 45.0 | NULL |
+---------+--------+----------+------+------+
3 rows in set (0.00 sec)
Query OK, 0 rows affected (0.01 sec)
```

图 5.17   调用存储过程 PROK 以验证其正确性

2. 循环结构

MySQL 有 3 种用于循环控制的语句，即 WHILE 语句、REPEAT 语句和 LOOP 语句。这3 种语句的控制流程如图 5.18 所示。

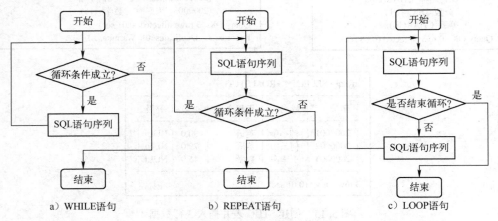

图 5.18　三种循环语句的区别

表 5.1 给出了三种循环语句的格式和功能说明。

表 5.1　三种循环语句的格式和功能说明

循环语句种类	语句格式	功能说明

WHILE 语句	WHILE <条件> DO
	<语句序列>
	END WHILE;
		当条件表达式为真时，执行循环体的语句序列，直到条件表达式为假为止，结束循环。这种格式的特点是在循环开始判断条件表达式，如果一开始条件表达式就为假，则循环体语句一次也不执行

REPEAT 语句	REPEAT <语句序列> UNTIL<条件> END REPEAT;	这种格式的特点是在循环体之后判断条件表达式，当条件表达式为真时，继续执行循环体的语句序列，直到条件表达式为假为止，结束循环。即使一开始条件就为假，循环体语句也被执行一次

LOOP 语句	lp: LOOP
	<语句序列 1>
	　IF <条件> THEN
	　　LEAVE lp;
	　END IF
	<语句序列 2>
	END LOOP;
		这种格式更灵活一些，在循环体内嵌入一个 IF 语句，用于判断循环走向，如果条件为真，则不再执行语句序列 2，直接退出循环，否则继续执行循环。这里 lp 相当于循环名称，或者称为标签，特别是对于多层循环嵌套，可以选择直接退出内层或者外层循环。假设循环开始条件为真，语句序列 1 执行一次，然后直接中止循环，不再执行语句序列 2

循环语句中有两个跳出循环关键字，一个为 LEAVE，其语法格式为"LEAVE 标签;"，表示跳出标签指定的循环，结束循环；另一个为 ITERATE，其语法格式为"ITERATE 标签;"，表示跳出本次循环，进入下一次循环。

例 5.11　创建一个计算 $T = 1+2+3+\cdots+n$ 的存储过程 PROE，要求运行结果显示 T 的值。用三种循环语句分别创建存储过程 PROE，观察三种循环语句的实现方法。

1）WHILE 语句及其运行结果如图 5.19 所示。

2）REPEAT 语句及其运行结果如图 5.20 所示。

3）LOOP 语句及其运行结果如图 5.21 所示。

```
mysql> DELIMITER $$
mysql> DROP PROCEDURE IF EXISTS PROE;
    -> CREATE PROCEDURE PROE(IN n INT)
    -> BEGIN
    -> DECLARE i, T INT;
    -> SET i= 0, T=0;
    -> WHILE i<n DO
    -> SET i= i+1;
    -> SET T= T+i;
    -> END WHILE;
    -> SELECT T;
    -> END $$
Query OK, 0 rows affected (0.01 sec)
Query OK, 0 rows affected (0.01 sec)
mysql>DELIMITER;
```

图 5.19 WHILE 语句示例

```
mysql> DELIMITER $$
mysql> DROP PROCEDURE IF EXISTS PROE;
    -> CREATE PROCEDURE PROE(IN n INT)
    -> BEGIN
    -> DECLARE i, T int(10);
    -> SET i= 0, T=0;
    -> REPEAT
    -> SET i= i+1;
    -> SET T= T+i;
    -> UNTIL i=n
    -> END REPEAT;
    -> SELECT T;
    -> END $$
Query OK, 0 rows affected (0.00 sec)
Query OK, 0 rows affected, 1 warning (0.01 sec)
mysql>DELIMITER;
```

图 5.20 REPEAT 语句示例

```
mysql> DELIMITER $$
mysql> DROP PROCEDURE IF EXISTS PROE;
    -> CREATE PROCEDURE PROE(IN n INT)
    -> BEGIN
    -> DECLARE i, T INT;
    -> SET i= 0, T=0;
    ->Add_num: LOOP
    -> SET i= i+1;
    -> SET T= T+i;
    -> IF i=100 THEN LEAVE Add_num ;
    -> END IF;
    -> END LOOP;
    -> SELECT T;
    -> END $$
Query OK, 0 rows affected (0.00 sec)
Query OK, 0 rows affected (0.01 sec)
mysql>DELIMITER;
```

图 5.21 LOOP 语句示例

上面用 3 种循环语句分别创建了存储过程 PROE。对于每一种语句创建的存储过程，应该进行正确性测试，设置实验数据并调用存储过程，观察结果是否正确。例如，设定参数为 100，调用语句是 "CALL PROE(100);"，运行结果如图 5.22 所示。

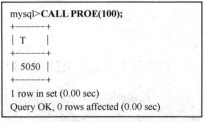

图 5.22 存储过程 PROE 的正确性测试

第三节　存储过程的应用示例

例 5.12　已知有商品（商品编码，品名，颜色，花型，规格，库存数量，最高库存，最低库存，参考价格）关系，如图 5.23 所示。创建存储过程 PROF，它能够按照商品编码查询库存状况。如果商品的库存数量大于或等于最高库存，则显示商品编号、品名、库存数量、最高库存和积压数量；如果库存数量小于或等于最低库存，则显示商品编号、品名、库存数量、最低库存和缺货数量。本例程序流程图如图 5.24 所示。

```
mysql> INSERT INTO 商品  VALUES('P6', '花布', '米白', '百合', '245',
    -> 600, 2000, 1000, 16.50);
Query OK, 1 row affected (0.01 sec)
mysql> SELECT * FROM 商品;
```

商品编码	品名	颜色	花型	规格	库存数量	最高库存	最低库存	参考价格
P1	色布	米白	无	245	2400.0	3000.0	1000.0	12.00
P2	花布	漂白	太阳花	230	1500.0	2500.0	800.0	15.00
P3	花布	砖红	玫瑰	245	2500.0	2000.0	500.0	13.50
P4	花布	浅粉	水仙花	260	3000.0	2500.0	1000.0	15.60
P5	色布	浅灰	无	245	560.0	2500.0	500.0	12.50
P6	花布	米白	百合	245	600.0	2000.0	1000.0	16.50

```
6 rows in set (0.00 sec)
```

图 5.23　商品关系

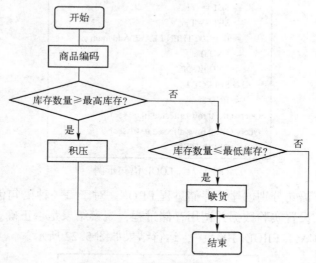

图 5.24　程序流程图

下面进行代码设计要点分析。

这个代码设计看上去很复杂，但实际上只是反复使用类似下面的查询语句：

EXISTS（SELECT 商品编码,品名,库存数量,最高库存 FROM 商品 WHERE 库存数量>=最高库存 AND 商品编码 LIKE sp_num ）

使用存在量词 EXISTS 来判断查询语句是否有输出，若有输出，则说明库存积压条件成立，执行库存积压处理。同理，可判断是否处于缺货状态。所以，整段代码的核心就是这条查询语句。完整代码及其运行结果如图 5.25 所示。

```
mysql> DELIMITER $$
mysql> DROP PROCEDURE IF EXISTS PROF;
    -> CREATE PROCEDURE    PROF(IN sp_num CHAR(10))
    -> BEGIN
    -> IF EXISTS (SELECT 商品编码, 品名, 库存数量, 最高库存 FROM 商品 WHERE 库存数量 >= 最高库存 AND 商品编码  LIKE sp_num) THEN
    -> BEGIN
    -> SELECT 商品编码, 品名, 库存数量, 最高库存, 库存数量-最高库存 AS 积压 FROM 商品 WHERE 商品编码 LIKE sp_num;
    -> END;
    -> ELSEIF EXISTS(SELECT 商品编码, 品名, 库存数量, 最低库存 FROM 商品 WHERE 库存数量<=最低库存 AND 商品编码  LIKE sp_num)    THEN
    -> BEGIN
    -> SELECT 商品编码, 品名, 库存数量, 最低库存, 库存数量-最低库存 AS 缺货 FROM 商品 WHERE 商品编码 LIKE sp_num;
    -> END;
    -> END IF;
    -> END $$
Query OK, 0 rows affected (0.00 sec)
Query OK, 0 rows affected (0.01 sec)
mysql>DELIMITER ;
```

图 5.25　创建存储过程 PROF 的完整代码及其运行结果

在创建存储过程之后，需要测试代码的正确性。下面分别对积压和缺货状况进行测试。测试库存积压状况的 SQL 语句及其运行结果如图 5.26 所示。

测试库存缺货状况的 SQL 语句及其运行结果如图 5.27 所示。

```
mysql> SET @num: ='P3';
Query OK, 0 rows affected (0.00 sec)
mysql>CALL PROF(@num);
+----------+--------+----------+----------+--------+
| 商品编码 | 品名   | 库存数量 | 最高库存 | 积压   |
+----------+--------+----------+----------+--------+
| P3       | 花布   | 2500.0   | 2000.0   | 500.0  |
+----------+--------+----------+----------+--------+
1 row in set (0.00 sec)
Query OK, 0 rows affected (0.00 sec)
```

图 5.26　库存积压状况测试结果

```
mysql> SET @num: ='P6';
Query OK, 0 rows affected (0.00 sec)
mysql>CALL PROF(@num);
+----------+--------+----------+----------+--------+
| 商品编码 | 品名   | 库存数量 | 最低库存 | 缺货   |
+----------+--------+----------+----------+--------+
| P6       | 花布   | 600.0    | 1000.0   | -400.0 |
+----------+--------+----------+----------+--------+
1 row in set (0.00 sec)
Query OK, 0 rows affected (0.01 sec)
```

图 5.27　库存缺货状况测试结果

第四节　创建存储函数

在 MySQL 中，存储程序可以分为存储过程和存储函数（简称函数），两者的编程方法相同，前面的 SQL 编程方法同样适用于编写存储函数。但两者的调用方式有所区别，存储过程只能用 CALL 语句调用，通过输出变量返回值，存储过程也可以调用其他存储过程，而函数是在语句中通过引用函数名调用，也可以返回标量值。

下面介绍创建存储函数的 SQL 语句。

创建存储函数的 SQL 语句的语法格式：

> CREATE FUNCTION <函数名>([参数 数据类型[,...]])
> RETURNS 返回值数据类型
> DETERMINISTIC 声明为确定性函数
> BEGIN
>   SQL 语句序列(必须有 RETURN 变量或值)
> END;

说明：

1）函数可以有多个参数，必须说明参数和参数的类型。

2）RETURNS 必须说明返回值数据类型。

3）DETERMINISTIC 声明函数是确定性函数，即参数确定后，返回值也就确定了。也有不确定性函数，例如，函数中有随机数发生，返回值就不确定了。如果不加这个选项，则编译系统会提示错误信息。

4）SQL 语句序列是函数的主体，其中必须包括 RETURN（返回函数值），否则编译系统提示出错信息。

例 5.13 创建一个统计商品表行数的函数，函数名为 P_count。

分析：这是一个简单的函数，主要用于说明 CREATE FUNCTION 语句的用法，给出函数代码编写的基本格式。该函数的函数体中只有 3 条语句，其中一些语句及其顺序是编写这类代码的固定语句和格式。函数体是用户根据功能需求用 SQL 语句实现的代码。

创建函数 P_count 的代码及其运行结果如图 5.28 所示。在 MySQL 中，用户创建的函数调用方法与 MySQL 内置函数相同。调用函数 P_count 的 SQL 语句及其执行结果如图 5.29 所示。

```
mysql> DELIMITER $$
mysql> DROP FUNCTION IF EXISTS P_count;
    -> CREATE FUNCTION P_count()
    -> RETURNS INT
    -> DETERMINISTIC
    -> BEGIN
    -> DECLARE n INT;
    -> SELECT COUNT(*) INTO n FROM 商品;
    -> RETURN n;
    -> END$$
Query OK, 0 rows affected (0.00 sec)
Query OK, 0 rows affected (0.00 sec)
mysql>DELIMITER;
```

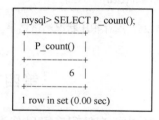

```
mysql> SELECT P_count();
+-----------+
| P_count() |
+-----------+
|         6 |
+-----------+
1 row in set (0.00 sec)
```

图 5.28　创建 P_count 函数的代码及其运行结果　　图 5.29　调用函数 P_count 的 SQL 语句及其执行结果

> **提示**：如果代码中没有 RETURNS、DETERMINISTIC 和 RETURN 返回值，则程序执行时会提示有错误。

第五节 游标及游标的应用

一、游标的概念

绝大多数 SQL 语句是以集合的方式操作数据的，操作的对象和结果都是一个元组的集合（关系）。例如，SELECT 语句返回 WHERE 子句中满足条件的所有行。然而，在应用程序中常常需要对单个行或部分行进行操作，游标（CURSOR）就是用于协调 SQL 的集合处理方式与单记录处理方式的机制。

游标相当于一个临时表，如图 5.30 所示，在表中存放查询的结果，为了逐个地取出这个表中的元组，设置一个指针，指示可取元组的位置；每取一个元组，指针向前推进一个位置。利用游标机制，可以将集合操作转换成单记录的处理方式。

P1	色布	米白	无	245	2400.0	3000.0	1000.0	12.00
P2	花布	漂白	太阳花	230	1500.0	2500.0	800.0	15.00
P3	花布	砖红	玫瑰	245	2500.0	2000.0	500.0	13.50
P4	花布	浅粉	水仙花	260	3000.0	2500.0	1000.0	15.60
P5	色布	浅灰	无	245	560.0	2500.0	500.0	12.50
P6	花布	米白	百合	245	600.0	2000.0	1000.0	16.50

游标指针 → (P1)

图 5.30 游标是一个存储查询结果的临时表

二、游标的用法

使用游标的 SQL 语句有四个，见表 5.2。

表 5.2 游标的使用方法

步 骤	语 句 格 式	功 能
1	DECLARE <游标名> CURSOR FOR <SELECT 语句>	游标定义语句
2	OPEN <游标名>	游标打开语句
3	FETCH <游标名> INTO <变量表>	获取当前记录值
4	CLOSE <游标名>	关闭游标

下面结合一个实例来说明游标的用法。

例 5.14 创建的存储过程 PROG 可批量查询库存状况。例 5.12 中创建的存储过程 PROF，每调用一次，只能处理一种商品。PROG 中应用游标技术，从商品表中读取多行，在游标指针控制下，每读一行，就调用一次 PROF 来处理一行数据，实现批量处理商品的功能。

代码设计思路：首先，定义一个 SP_cur 游标，查询商品编码，然后打开游标，依次提取商品编码并调用例 5.12 中创建的存储过程 PROF，查询商品库存状况，直到最后一行商品为止，最后关闭游标。

创建存储过程 PROG 的代码及其执行结果如图 5.31 所示。

```
mysql> DELIMITER $$
mysql> DROP PROCEDURE IF EXISTS PROG;
    -> CREATE PROCEDURE PROG()
    -> BEGIN
    -> DECLARE SP_numVARCHAR(10);
    -> DECLARE no,SP_count INT;
    -> /* 定义游标 SP_cur */
    -> DECLARE SP_cur    CURSOR FOR
    -> SELECT  商品编码  FROM  商品;
    -> /*  获取商品数目  */
    -> SELECT COUNT(*) INTO SP_count FROM  商品;
    -> SET no=1;
->/*打开游标*/
->OPEN SP_cur;
/*  循环处理多行*/
-> WHILE no<= SP_count do
/*获取当前记录，推进游标指针*/
-> FETCH SP_cur into SP_num;
/*调用存储过程 PROF*/
    -> CALL PROF(SP_num);
    -> SET no= no+1;
-> END WHILE;
/*关闭游标
    -> CLOSE SP_cur;
    -> END $$
Query OK, 0 rows affected (0.00 sec)
Query OK, 0 rows affected (0.01 sec)
```

图 5.31　创建存储过程 PROG 的代码及其执行结果

为了测试存储过程的正确性，调用存储过程 PROG 来检测商品的库存状态，测试代码及其执行结果如图 5.32 所示。

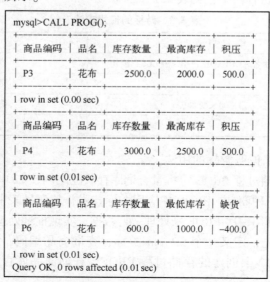

图 5.32　测试存储过程 PROG 执行结果

第六节　数据库触发器

一、触发器的概念

触发器（Trigger）是由事件触发的某个操作。它是一个实现复杂完整性约束的特殊存储过程，是能够在符合条件时自动触发的 SQL 程序。例如，在对某个表进行 UPDATE、INSERT、DELETE 操作时，DBMS 就会自动执行触发器所定义的 SQL 语句序列。可以利用触发器自动实现某些特殊的业务规则。

1. 触发器的特点

1）触发器是数据库的一个对象，必须创建在一个特定的表上，并存储在数据库中。

2）如果对一个表上的某种操作（如插入、更新或删除）定义了触发器，则该操作发生时触发器将自动触发。

3）与存储过程不同，触发器不能被直接调用，也不能传递或接收参数。

4）触发器和激活它的 SQL 语句构成一个事务，可以在触发器中包含 ROLLBACK TRANSACTION 语句，根据触发器运行的状态回滚事务，撤销所有操作。

5）触发器是实现数据安全性控制的一种手段，就像保险柜的报警器一样，能够实时监控表中字段的更改，做出相应处理，例如，自动阻断某种违规操作并实时报警等。

2. 触发器的优点

1）触发器能够实现相关表的级联操作。

2）触发器具有更强大和更复杂的完整性约束定义功能。

3）触发器可以比较数据修改前后的状态，并可根据差异而采取不同的对策。

4）触发器能够简化复杂业务的实现方法，用简单的方法定义复杂的业务规则和完整性约束条件。

5）由于触发器是一种特殊的存储过程，因此它具备存储过程的优点。

> **提示**：在表上创建触发器要谨慎！滥用会造成数据库及应用程序的维护困难。

二、创建触发器

在 MySQL 中，创建触发器的 SQL 语句格式：

```
CREATE TRIGGER<触发器名称>        -- 创建触发器的名称
BEFORE | AFTER                    -- 设置事件发生前或后执行
INSERT | UPDATE | DELETE          -- 设定触发的事件(插入|更新|删除)
ON <表名>                         -- 创建触发器的表
FOR EACH ROW                      -- 对每一行执行一次
<SQL 语句序列>                     -- 触发的语句序列
```

在 MySQL 的触发器中，为了引用触发器触发前和触发后表中所插入、删除与更新操作时字段的变化值，提供下列两个关键字。

1）NEW 将要（BEFORE）或已经（AFTER）变动的新数据，例如，INSERT 型触发器中插入的新数据，UPDATE 型触发器更改的新数据。

2）OLD 将要（BEFORE）或已经（AFTER）变动的旧数据，例如，UPDATE 型触发器中被修改的原数据，DELETE 型触发器中被删除的原数据。

使用方法：

> NEW. 字段名（相应表某一列名的新值）
> OLD. 字段名（相应表某一列名的旧值）

例 5.15 有学生和借书证关系：

> 学生(<u>学号</u>，姓名，性别，班级)
> 借书证(<u>借书证号</u>，<u>学号</u>，姓名，性别，班级)

假设在学生表上创建触发器 AAA，当新生入学时，学生表插入一个新生记录，同时在图书馆的借书证表中也插入该学生的信息，自动办理借书证。借书证号是自动生成的唯一的序列号，设为主键。

1）学生表和借书证表的创建代码及其执行结果分别如图 5.33 和图 5.34 所示。

```
mysql> CREATE TABLE 学生(
    ->学号 CHAR(10) PRIMARY KEY,
    ->姓名 CHAR (10),
    ->性别 CHAR (2),
    ->班级 CHAR (10));
Query OK, 0 rows affected (0.02 sec)
```

图 5.33　创建学生表

```
mysql> CREATE TABLE 借书证(
    ->借书证号 INT(10)  AUTO_INCREMENT,
    ->学号 CHAR(10),
    ->姓名 CHAR (10),
    ->性别 CHAR (2),
    ->班级 CHAR (10),
    -> PRIMARY KEY (借书证号),
    -> FOREIGN KEY (学号) REFERENCES 学生(学号));
Query OK, 0 rows affected, 1 warning (0.01 sec)
```

图 5.34　创建借书证表

2）创建触发器 AAA 的代码，当在学生表中插入一行数据后，在借书证表中插入一行数据。这里引用的是新插入的数据，所以，使用关键词 NEW。创建触发器 AAA 的代码及其执行结果如图 5.35 所示。

3）测试触发器的正确性，插入 3 名新生数据，代码及其执行结果如图 5.36 所示。

```
mysql>DELIMITER;
mysql> DROP TRIGGER IF EXISTS AAA;
Query OK, 0 rows affected (0.00 sec)
mysql> DELIMITER $$
mysql> CREATE TRIGGER   AAA
    -> AFTER   INSERT   ON 学生
    -> FOR EACH ROW
    -> BEGIN
    -> INSERT INTO 借书证(学号,姓名,性别,班级)
    -> VALUES(NEW.学号, NEW.姓名, NEW.性别, NEW.班级);
    -> END$$
Query OK, 0 rows affected (0.00 sec)
mysql>DELIMITER ;Query OK, 0 rows affected (0.00 sec)
mysql>DELIMITER ;
```

图 5.35   创建触发器 AAA 的代码及其执行结果

```
mysql> INSERT INTO 学生  VALUES
    -> ('2022040101', '韩光明','男', '信息管理'),
    -> ('2022040104', '何乃云','女', '信息管理'),
    -> ('2022040207', '王建南','男', '计算机科学');
Query OK, 3 rows affected (0.00 sec)
Records: 3   Duplicates: 0   Warnings: 0
```

图 5.36   测试代码执行结果

4）查看触发器的执行结果，代码及其执行结果如图 5.37 所示。

```
mysql>SELECT * FROM 学生;
+------------+--------+--------+------------+
| 学号       | 姓名   | 性别   | 班级       |
+------------+--------+--------+------------+
| 2022040101 | 韩光明 | 男     | 信息管理   |
| 2022040104 | 何乃云 | 女     | 信息管理   |
| 2022040207 | 王建南 | 男     | 计算机科学 |
+------------+--------+--------+------------+
3 rows in set (0.00 sec)
mysql>SELECT * FROM 借书证;
+--------+------------+--------+--------+------------+
| 借书证号 | 学号       | 姓名   | 性别   | 班级       |
+--------+------------+--------+--------+------------+
|      1 | 2022040101 | 韩光明 | 男     | 信息管理   |
|      2 | 2022040104 | 何乃云 | 女     | 信息管理   |
|      3 | 2022040207 | 王建南 | 男     | 计算机科学 |
+--------+------------+--------+--------+------------+
3 rows in set (0.00 sec)
```

图 5.37   验证触发器执行结果

三、查看和删除触发器

1）查看数据库中所有触发器的构建信息，结果如图 5.38 所示。

```
mysql>SHOW TRIGGERS \G
*************************** 1. row ***************************
            Trigger: AAA
              Event: INSERT
              Table: 学生
          Statement: BEGIN
INSERT INTO 借书证(学号, 姓名, 性别, 班级) VALUES(NEW.学号, NEW.姓名, NEW. 性别, NEW.班级);
END
             Timing: AFTER
            Created: 2023-02-12 20:25:32.33
           sql_mode: STRICT_TRANS_TABLES,NO_ENGINE_SUBSTITUTION
            Definer: root@localhost
character_set_client: gbk
collation_connection: gbk_chinese_ci
  Database Collation: utf8mb4_0900_ai_ci
1 row in set (0.01 sec)
```

图 5.38　查看所有触发器

2）删除触发器的 SQL 语句格式：

DROP TRIGGER <触发器名称>;

例如，删除触发器 AAA 的语句及其执行结果如图 5.39 所示。

```
mysql>DROP TRIGGER AAA;
Query OK, 0 rows affected (0.01 sec)
```

图 5.39　删除触发器 AAA 的语句及其执行结果

查看删除结果的 SQL 语句及其执行结果如图 5.40 所示。

```
mysql>SHOW TRIGGERS \G
Empty set (0.00 sec)
```

图 5.40　查看删除触发器的结果

在程序调试过程中，常用下列删除形式：

DROP TRIGGER IF EXISTS AAA;

四、数据库触发器的用途

数据库触发器可以实现复杂的完整性约束，也可以实现用户一些特定的自动触发的业务处理。这里列举一个实现 ON DELETE CASCADE 短语的触发器。

例 5.16 假设有学生表、课程表和成绩表 3 个表,如图 5.41 所示。3 个表之间定义参照完整性,但在成绩表的外键子句中没有设置 ON DELETE CASCADE。如果要删除一名学生的信息,则必须先删除成绩表中该学生的选课信息,否则将违反参照完整性约束。创建一个触发器实现 ON DELETE CASCADE 的功能,即删除学生表中的一名学生的信息,则自动级联删除成绩表中该学生的选课信息。

```
mysql> SELECT * FROM 学生;
+------+--------+--------+-------------+
| 学号 | 姓名   | 性别   | 班级        |
+------+--------+--------+-------------+
| S1   | 李光明 | 男     | 信息管理    |
| S2   | 何立云 | 女     | 信息管理    |
| S3   | 王南海 | 男     | 计算机科学  |
+------+--------+--------+-------------+
```

```
mysql> SELECT * FROM 课程;
+--------+--------+------+
| 课程号 | 课程名 | 学时 |
+--------+--------+------+
| C1     | 操作系统 | 68 |
| C2     | 数据库   | 54 |
| C3     | 数据结构 | 54 |
+--------+--------+------+
```

```
mysql> SELECT * FROM 成绩;
+------+--------+------+
| 学号 | 课程号 | 分数 |
+------+--------+------+
| S1   | C1     | 78   |
| S1   | C2     | 66   |
| S2   | C1     | 76   |
| S2   | C2     | 86   |
| S3   | C2     | 75   |
+------+--------+------+
```

图 5.41 学生表、课程表和成绩表

创建触发器 BBB 的代码及其执行结果如图 5.42 所示。

```
mysql> DROP TRIGGER IF EXISTS BBB;
Query OK, 0 rows affected, 1 warning (0.00 sec)
mysql> DELIMITER $$
mysql> CREATE TRIGGER BBB
    -> BEFORE DELETE ON  学生
    -> FOR EACH ROW
    -> BEGIN
    -> DELETE FROM  成绩  WHERE  学号=old.学号;
    -> END$$
Query OK, 0 rows affected (0.00 sec)
mysql>DELIMITER ;
```

图 5.42 创建触发器 BBB 的代码及其执行结果

在学生表中删除学号='S1'的学生的信息,验证触发器的正确性。删除语句及其执行结果如图 5.43 所示。

```
mysql>DELETE FROM 学生 WHERE 学号='S1';
Query OK, 1 row affected (0.00 sec)
```

图 5.43 验证触发器执行 ON DELETE CASCADE 的结果

查看触发器的级联删除功能的语句及其执行结果如图 5.44 所示。在两个表中级联删除学号='S1'的学生信息,触发器 BBB 实现参照完整性约束规则的 "ON DELETE CASCADE" 功能。

```
mysql>SELECT * FROM 学生;

| 学号 | 姓名   | 性别 | 班级      |

| S2   | 何立云 | 女  | 信息管理  |
| S3   | 王南海 | 男  | 计算机科学|

2 rows in set (0.00 sec)
```

```
mysql>SELECT * FROM 成绩;

| 学号 | 课程号 | 分数 |

| S2   | C1    | 76  |
| S2   | C2    | 86  |
| S3   | C2    | 75  |
```

图 5.44　查询学生表和成绩表

本 章 小 结

本章在标准 SQL 的基础上，引入了高级程序设计语言的方法，扩充了程序流程控制语句和关系集合运算的方法，将一组 SQL 命令编写为程序执行，实现了更复杂的业务处理任务。

本章在交互式 SQL 的基础上，增加了有关 SQL 程序设计的内容，主要包括创建存储过程、函数、触发器，其中涉及局部变量、全局变量、控制流语句、游标等编程技术。在讲授这些内容的过程中，尽量采取循序渐进和深入浅出的方式，结合大量示例来介绍复杂的概念和方法，建议考生边学边上机实验，以加速从理论到实践的学习进程。

深刻理解在服务器端创建存储过程、存储函数、触发器实现复杂的业务处理任务的内容，可以提高系统的效率，大大减少系统开发的工作量。

习 　 题

一、简答题

1. 什么是局部变量和全局变量？
2. 局部变量和全局变量的主要区别是什么？
3. 在 SQL 程序设计中，游标的用途是什么？
4. 简述 SQL 程序设计中，游标的使用方法。
5. 什么存储过程？其优点是什么？
6. 什么是数据库触发器？其作用是什么？

二、SQL 程序设计

1. 在某出版社的数据库中，有图书关系 R（书号，书名，类别，定价）。如果教材类图书的平均定价大于 30 元，则显示"平均价格超过 30 元"，反之显示"平均价格不超过 30 元"，并列出所有教材类图书的书名。编写一个存储过程来完成这个任务。

2. 有学生和成绩关系如下：

$$S(学号,姓名,性别,专业)$$
$$R(学号,课程号,课程名称,分数)$$

试编写一个查询成绩的存储过程，该存储过程带有学号和课程号两个参数。

3. 编写一个触发器，当在学生档案表中录入新生信息时，同步注册借书证和医疗证，其中一部分信息插入借书证表、医疗证表，要求插入之后显示插入的数据。

4. 有系和学生两个关系：

系(系名称,系主任,电话号码,地址)

学生(学号,姓名,性别,专业,系名称)

设计一个存储过程，根据学号（参数）查询学生和所在系的信息。

5. 有产品关系 R（产品号，品名，库存量）。在 R 上创建一个触发器，当修改库存量时，测试修改后的值，若低于 100，则发出采购该产品的通知；若高于 1000，则发出"积压"的消息。同时，要求设计一个 SQL 程序，以验证触发器的作用。

6. 有现金账目关系 R（日期，摘要，科目，借方，贷方，余额）。假设要设计一个具有报警功能的触发器。当有人试图在 R 中添加、删除或更改数据时，系统将自动显示一条"有人修改现金账目！"的报警消息。

三、上机实验二

1. 为了深入理解本章介绍的基本概念和数据库编程方法，在 MySQL 客户端命令行窗口将本章的所有例题做一遍。为了提高学习效率，可以直接复制源代码并粘贴到命令行中，观察语句的功能和执行结果。

2. 依据盛达公司数据库的商品表和订单明细表，创建一个存储过程 PROX，它能够按照商品编码和订购数量，查询该商品的库存数量是否满足订货需求，如果商品的库存数量大于或等于订购数量，则显示"满足供货需求"；否则显示"库存不足"。（参考例 5.12 的代码设计思路）

3. 已知订单与订单明细是一对多的联系，一个订单中可能包含多种商品。创建存储过程 PROY，按照订单号在订单明细表中查询该订单的每一种商品是否满足供货需求，即依据每个订单中包含商品种类数，多次调用上题中创建的存储过程 PROX。要求在 PROY 中应用游标技术和调用存储过程 PROX。（参考例 5.14 的代码设计思路）

4. 在盛达公司数据库中订单表和订单明细表之间定义参照完整性约束，但在订单明细表的外键子句中没有设置 ON DELETE CASCADE。如果要撤销一个订单，则必须先删除订单明细中该订单的订购明细，再在订单表中删除订单信息，否则将违反参照完整性约束。创建一个触发器来实现 ON DELETE CASCADE 的功能，即删除订单表中的一个订单，则自动级联删除订单明细表中该订单的订购明细。（参考例 5.16 的代码设计思路）

第六章 事务与事务处理

学习目标：

1. 本章开始介绍数据库管理的基本概念和基本操作技术，重点讲授事务、事务的性质、事务的隔离级别、并发控制、加锁机制等。

2. 理解事务在数据库管理中的重要性，掌握事务的四个性质。了解 MySQL 事务处理模型，掌握 MySQL 事务处理的 SQL 语句的使用方法。

3. 理解并发操作与并发控制的基本概念，了解并发操作可能导致的问题。了解可串行化调度、事务的隔离级别及其用途。了解加锁机制、(S，X) 锁、封锁的粒度、死锁及其处理方法。

建议学时： 4 学时。

教师导读：

1. 数据库系统是一个多用户共享系统，例如，对于航班订票系统，每时每刻都会有无数人同时登录该系统，而航班的每个座位对应一张机票，那么订票系统如何做到一张票只能售给一个人？这正是本章要回答的问题。

2. 本章介绍的事务、事务的性质是解决并发控制问题的理论基础，事务的隔离级别、可串行化调度、加锁机制是解决并发操作引发问题的应用技术。

3. 本章结合数据库管理的应用，列举 MySQL 系统操作示例来讲授理论和方法，考生可以将这些示例上机演示，以加深对理论和操作技术的理解。

4. 在学完本章内容后，要求完成上机实验三。

第一节 事务、事务性质和事务处理模型

事务（Transaction）是数据库系统管理中非常重要的概念。事务是保证数据库完整性、一致性、并发控制和数据库恢复的基础理论与基本方法。

一、事务

事务是 DBMS 的执行单位，它由有限的数据库操作序列组成。下面以银行转账业务为例说明什么是事务。假设银行数据库中有一个账户表，在表中插入两行数据：

```
INSERT INTO 账户 VALUES ('A', '黎明', 1000);
INSERT INTO 账户 VALUES ('B', '王红', 400);
SELECT * FROM 账户;
```

运行结果：

账　　　号	姓　　　名	余　　　额
A	黎明	1000.00
B	王红	400.00

假设将账号 A 中的 100 元转到账号 B 中。在数据库系统中，要完成这件事情，应该执行下面两个更新操作。

```
UPDATE 账户   SET 余额=余额-100   WHERE 账号='A';
UPDATE 账户   SET 余额=余额+100   WHERE 账号='B';
```

显然，上述银行转账业务是一个事务，这两个更新操作必须全部执行或者全部不执行。否则，资金从账号 A 支出而未转入账号 B，将导致数据完整性错误。

二、事务的性质

不是所有数据库操作序列都能成为事务，事务必须满足下列 4 个性质。

1. 执行的原子性（Atomicity）

事务在执行时，应遵守"要么不做，要么全做"（Nothing or All）的原则，即不允许部分地完成事务。即使因为故障而使事务未能完成，在恢复时也要消除故障对数据库的影响。事务的原子性是由 DBMS 的事务管理子系统实现的。SQL 提供了两个事务处理语句来实现事务的管理。

- COMMIT 语句：提交该事务对数据库的所有修改，使其成为数据库中永久的一个部分，表示一个事务成功结束。
- ROLLBACK 语句：撤销该事务对数据库的所有修改，将事务回滚到事务的起点，即不执行事务的全部操作序列。

例 6.1　银行转账事务以 COMMIT 结束。

```
UPDATE 账户   SET 余额=余额-100   WHERE 账号='A';
UPDATE 账户   SET 余额=余额+100   WHERE 账号='B';
COMMIT;
SELECT * FROM 账户;
```

运行结果：

A	黎明	900
B	王红	500

例 6.2　银行转账事务以 ROLLBACK 结束。

```
UPDATE 账户   SET 余额=余额-100   WHERE 账号='A';
UPDATE 账户   SET 余额=余额+100   WHERE 账号='B';
ROLLBACK;
SELECT * FROM 账户;
```

运行结果：

A	黎明	1000
B	王红	400

2. 保持数据库的一致性（Consistency）

事务对数据库的作用是使数据库从一个一致状态转变到另一个一致状态。数据库的一致状态是指数据库中的数据满足完整性约束，例如，银行转账业务的完整性约束条件是转账前后账号 A 与 B 的余额之和相等。如例 6.3 中 SQL 语句序列执行的结果所示，在事务 T 初始时，数据库处于一致状态；在事务的执行过程中，数据库可能暂时处于不一致状态；但在事务结束时，数据库将处于一个新的一致状态。

例 6.3 银行转账事务执行过程中数据库的状态。

```
SELECT * FROM 账户;                          /* ① 初始一致状态 */
UPDATE 账户  SET 余额＝余额－100  WHERE 账号='A';
SELECT * FROM 账户;                          /* ② 暂时不一致状态 */
UPDATE 账户  SET 余额＝余额＋100  WHERE 账号='B';
COMMIT;
SELECT * FROM 账户;                          /* ③ 事务结束状态 */
```

运行结果分析：
① 初始状态（一致状态）

A	黎明	1000
B	王红	400

② 中间状态（暂时不一致状态）

A	黎明	900
B	王红	400

③ 事务（提交）结束状态（一致状态）

A	黎明	900
B	王红	500

3. 彼此的隔离性（Isolation）

如果多个事务并发执行，那么应该像每个事务独立执行一样，互不干扰。并发控制就是为了保证事务之间的隔离性。

例如，在飞机票订票系统中，航班的每一个座位是唯一的，尽管全世界有很多人同时在线订这趟航班的票，但一张机票只能给一个人，每一个订票人的操作不会受到影响。实际上，在当今互联网时代，订票、挂号、购物等操作都能体现事务隔离性的作用。

4. 作用的持久性（Durability）

一个事务成功执行后，对数据库的影响应是永久的，即使数据库因故障被破坏，DBMS 也应该能够恢复。DBMS 的事务管理子系统和恢复管理子系统的密切配合，保证了事务持久性的实现。

例如，银行的存款信息必须是永久不能丢失的，就算客户存款的银行在地震中消失了，客户的存款信息也不能丢失，如果没有这个保障，谁也不会把钱存到银行去。这就是事务持久性要解决的问题。

事务必须满足上述四个性质。这四个性质的英文术语的第一个字母恰好构成 ACID，因此，这四个性质又称为事务的 ACID 准则。

三、事务处理模型

不同的 DBMS 软件对事务的处理方式是不同的。下面讨论 ANSI/ISO 和几个典型数据库产品的事务处理模型。

1. ANSI/ISO SQL 事务处理模型

SQL 事务处理模型中定义了 COMMIT（提交）和 ROLLBACK（回滚）语句的标准，规定用户或程序执行的第一个 SQL 语句是一个事务的开始，直到遇到以下列四种情况之一时，该事务将结束。

1）执行 COMMIT 语句，该事务成功结束，使数据库的更新操作永久地反映到数据库中。在 COMMIT 语句之后，一个新的事务将立即开始。

2）执行 ROLLBACK 语句，该事务异常结束，放弃该事务对数据库的所有更新操作。在 ROLLBACK 语句之后，一个新事务将立即开始。

3）对于 SQL 程序，程序正常结束表示该事务也结束了，没有新的事务开始。

4）对于 SQL 程序，程序异常终止表示该事务也异常结束，没有新的事务开始。

在 ANSI/ISO 规定的 SQL 事务处理模型中，用户或程序始终处于事务处理状态。

2. SQL Server 和 Sybase 的事务处理模型

在 SQL Server 和 Sybase 的事务处理模型中，用于事务处理的 SQL 语句有以下四个。

1）BEGIN TRANSACTION：表示一个事务的开始，与 ANSI/ISO SQL 事务处理模型不同。

2）COMMIT TRANSACTION：表示一个事务成功结束，但不能自动开始一个新事务。

3）SAVE TRANSACTION：在事务中间建立一个保存点（Savepoint）。保存点提供了一种回滚部分事务机制。在事务执行过程中，创建一个保存点，然后，再执行"ROLLBACK TRANSACTION <保存点名>"语句时，将回滚到保存点，而不是回滚到事务的开始。

4）ROLLBACK TRANSACTION：如果设有保存点，则可以放弃保存点之后所有数据库的更新操作，回滚到保存点的状态；否则，将回滚到事务的初始状态，放弃该事务的所有更新操作。

3. MySQL 的事务处理模型

MySQL 有以下五个事务处理的 SQL 语句。

1）START TRANSACTION：在默认情况下，用户执行的每一条 SQL 语句都被当成单独的事务而自动提交。如果要将一组 SQL 语句作为一个事务，则需要先执行 START TRANS-

ACTION 语句以开启一个事务。

2）COMMIT：在开启一个事务之后，只有执行 COMMIT 语句提交事务，事务的操作才能生效。

3）ROLLBACK：如果不想提交当前事务，则可以执行 ROLLBACK 语句取消事务，即事务回滚。ROLLBACK 只能回滚未提交事务，不能回滚已提交事务。当执行 COMMIT 或 ROLLBACK 后，当前事务自动结束。

4）SAVEPOINT：当事务回滚后，事务内的所有操作都将撤销。如果只希望撤销一部分，则可以先用"SAVEPOINT ＜保存点名＞"语句在事务中设置保存点，再执行"ROLLBACK TO SAVEPOINT ＜保存点名＞"语句，将事务回滚到指定的保存点。一个事务可以设置多个保存点，事务提交后所有保存点就会被删除。另外，在回滚到某个保存点后，其后的保存点也会被删除。

5）RELEASE SAVEPOINT：用"RELEASE SAVEPOINT ＜保存点名＞"语句可以删除保存点。

在一个 MySQL 事务中设定保存点 A 和 B，然后事务执行 ROLLBACK B 语句，回滚到保存点 B，然后事务继续处理，直到提交事务结束为止。事务处理过程如图 6.1 所示。

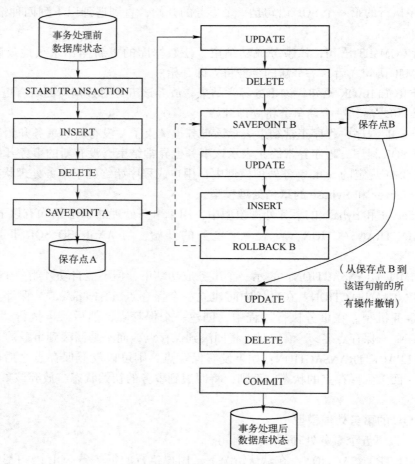

图 6.1　MySQL 事务处理示例

例 6.4 应用 MySQL 事务处理语句验证例 6.3 中的转账事务处理。

1）创建账户表，插入两行数据。在命令行窗口输入的语句及其执行结果如图 6.2 所示。

```
mysql> CREATE TABLE 账户
    -> (账号 CHAR(5) PRIMARY KEY,
    -> 姓名 CHAR(10),
    -> 余额   DEC(8,2));
```

```
mysql> INSERT INTO 账户(账号,姓名,余额)
    -> VALUES ('A', '黎明', 1000),
    -> ('B', '王红', 400);
```

图 6.2　创建账户表

2）查询账户表初始数据，在命令行窗口输入的语句及其执行结果如图 6.3 所示。

```
mysql> SELECT * FROM 账户;
+------+------+---------+
| 账号 | 姓名 | 余额    |
+------+------+---------+
| A    | 黎明 | 1000.00 |
| B    | 王红 |  400.00 |
+------+------+---------+
```

图 6.3　账户表初始数据

3）开启事务，从 A 账号减去 100 元，创建保存点 P1，再从 A 账号减去 200 元。在命令行窗口输入的语句及其执行结果如图 6.4 所示。

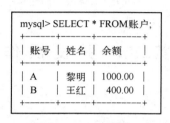

```
mysql> START TRANSACTION;
mysql> UPDATE 账户 SET 余额=余额-100
    -> WHERE 账号='A';
mysql> SAVEPOINT P1;
mysql> UPDATE 账户 SET 余额=余额-200
    -> WHERE 账号='A';
mysql> SELECT * FROM 账户;
+------+------+---------+
| 账号 | 姓名 | 余额    |
+------+------+---------+
| A    | 黎明 | 700.00  |
| B    | 王红 | 400.00  |
+------+------+---------+
```

图 6.4　更新账户和创建保存点

4）将事务回滚到保存点 P1，查看账户数据。在命令行窗口输入的语句及其执行结果如图 6.5 所示。

```
mysql> ROLLBACK TO SAVEPOINT P1;
mysql> SELECT * FROM 账户;
+------+------+---------+
| 账号 | 姓名 | 余额    |
+------+------+---------+
| A    | 黎明 | 900.00  |
| B    | 王红 | 400.00  |
+------+------+---------+
```

图 6.5　事务回滚到保存点 P1 的数据状态

5）将 B 账号的余额加 100，执行 COMMIT 操作，事务成功提交，如图 6.6 所示。

```
mysql> UPDATE 账户 SET 余额=余额+100
   -> WHERE 账号='B';
mysql> COMMIT;
mysql> SELECT * FROM 账户;
+------+------+--------+
| 账号 | 姓名 | 余额   |
+------+------+--------+
| A    | 黎明 | 900.00 |
| B    | 王红 | 500.00 |
+------+------+--------+
```

图 6.6　事务成功提交

第二节　并发操作

一、事务的并发操作

如果事务顺序执行，即一个事务完全结束后，另一个事务才开始，则称这种执行方式为串行访问，如图 6.7a 所示。如果 DBMS 可以同时接纳多个事务，则称这种执行方式为并发访问，如图 6.7b 所示。在单 CPU 系统中，同一时间只能有一个事务占用 CPU，各个事务交叉地使用 CPU，这种并发方式称为交叉并发。在多个 CPU 的系统中，可以允许多个事务同时占有 CPU，这种并发方式称为并发访问。

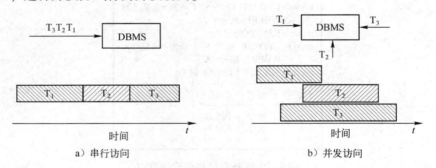

图 6.7　串行访问和并发访问

二、并发操作引起的问题

在多用户共享系统中，**如果多个事务同时对同一数据进行操作，则称之为并发操作**。在并发操作时，事务相互之间可能有干扰，如果不加以控制，则可能破坏事务的隔离性。数据库的并发操作通常会导致以下三类问题。

1. 读脏数据（Dirty read）

例 6.5　假设在一个多用户的订单处理系统中，甲、乙两个业务员同时在两个命令行会话中进行订单处理，甲开启事务 A，乙开启事务 B。甲业务员先接到 100 个产品的订单，将库存数量更新为 39；其后，乙业务员接到 125 个产品的订单，查看库存数量只有 39 个，所以，拒绝该订单；最后，甲业务员撤销了 100 个产品的订单，即回滚到事务 A 在 T1 时刻的状态。

产品	
产品号	库存数量
41004	139

下面用 MySQL 的 SQL 语句模拟这个读脏数据的示例，如图 6.8 所示。

时间顺序	事务A（甲业务员）	事务B（乙业务员）
T0	START TRANSACTION;	START TRANSACTION;
T1	SELECT 库存数量 FROM 产品 WHERE 产品号=41004; -- 库存数据=139	
T2	UPDATE 产品 SET 库存数量=库存数量-100 WHERE 产品号=41004;	
T3		SELECT 库存数量 FROM 产品 WHERE 产品号=41004; --库存数量=39，拒绝125的订单
T4	ROLLBACK;	
T5	SELECT 库存数量 FROM 产品 WHERE 产品号=41004; -- 库存数量=139	

图 6.8　读脏数据示例

由于事务 B 读了事务 A 未提交的数据（39），因此导致"拒绝一个订单"的错误。未提交的数据是无效的数据，读取未提交的数据称为读"脏"数据（简称读"脏"），依据脏数据所进行的操作可能是不正确的。读脏数据是指一个事务读另一个更新事务尚未提交的数据，也称为读–写冲突。

2. 不可重复读（Unrepeatable read）

不可重复读是指在同一事务内，不同时刻读到的同一批数据是不一致的，可能是因为其他事务修改这批数据并提交了。如图 6.9 所示，事务 B 先后两次读库存数量，在两次读之间，事务 B 并未修改库存数量，两次读出的值应该是一样的。然而，事务 A 与事务 B 并发执行，在事务 B 两次读库存数量之间，事务 A 更新了库存数量（为39），导致事务 B 两次读出的库存数量不同。不可重复读也是由读–写冲突引起的。

时间顺序	开启事务 A（甲业务员）	开启事务 B（乙业务员）	分析
T1		SELECT 库存数量 FROM 产品 WHERE 产品号=41004;	库存数量=139
T2	UPDATE 产品 SET 库存数量=库存数量-100 WHERE 产品号=41004;		库存数量=39
T3		SELECT 库存数量 FROM 产品 WHERE 产品号=41004;	库存数量=39

图 6.9　不可重复读示例

3. 幻读（Phantom read）

幻读实际上和不可重复读有相似之处，都是指在事务运行周期内第二次或多次查询时发现数据发生了变化。它们之间的不同之处是，幻读强调第二次读的内容比第一次多了或者少了几行，注重新增或删除的内容；不可重复读强调每次读取相同位置数据的不一致，即特指某一行或某一列上的数据。下面通过实验来看看什么是幻读。

1）首先创建一个 STU 表，并插入 3 行实验数据，如图 6.10 所示。

```
mysql> CREATE TABLE STU(
    -> 学号 CHAR(8) PRIMARY KEY,
    -> 姓名 CHAR(8),
    -> 性别 CHAR(2)) ENGINE=InnoDB;
mysql> INSERT INTO STU(学号,姓名,性别)
    -> VALUES('S1','韩康健','男'), ('S2','何乃云','女'),
    -> ('S4','王建南','男');
```

图 6.10　创建 STU 表

2）开启两个命令行窗口，分别运行事务 A 和事务 B，过程如图 6.11 所示。

时间顺序	事务 A	事务 B	结果分析
T1	SELECT　* FROM　STU WHERE　性别='女';		+------+------+------+ | 学号 | 姓名 | 性别 | +------+------+------+ | S2 | 何乃云 | 女 | +------+------+------+
T2		INSERT INTO STU(学号,姓名,性别) VALUES ('S3','徐和平','女');	插入一行新数据
T3	SELECT　* FROM　STU WHERE　性别='女';		+------+------+------+ | 学号 | 姓名 | 性别 | +------+------+------+ | S2 | 何乃云 | 女 | | S3 | 徐和平 | 女 | +------+------+------+
T4	COMMIT;		

图 6.11　幻读示例

分析图 6.11 中的操作流程：

- T1 时刻，事务 A 查询的数据有一行，即 {S2，何乃云，女}；
- T2 时刻，事务 B 插入一行新的数据，即 {S3，徐和平，女}；
- T3 时刻，事务 A 查询的数据有两行，即 {S2，何乃云，女}、{S3，徐和平，女}；
- T4 时刻，事务 A 提交。

其中 T3 时刻查询结果中多了一行的现象称为幻读。幻读是两次查询同一个范围的数据，后一次查询到了前一次没有查询到的数据，就好像出现了幻觉，所以称为幻读。

综上所述，并发操作导致种种问题的原因是对同一数据对象的写–写冲突或读–写冲突，问题出在"写"上。为了解决这些问题，数据库系统可实施下列多种措施。

- 可串行化调度：使事务可串行化地执行，避免冲突。
- 设置隔离级别：避免事务之间的相互干扰。

● 实施加锁机制：封锁其他事务对写操作对象的访问。

第三节 可串行化调度

数据库是一个多用户的共享资源，经常会有多个线程并发地执行多个事务，每个事务包含若干有序的操作。**为了保证这些事务相互之间不受影响，数据库系统安排这些操作执行顺序的过程称为调度。**如果各事务的操作顺序不交叉，则称为串行调度。若图6.8、图6.9和图6.11中的事务 A 与 B 的操作顺序是串行的，不交叉，则不可能产生上述并发操作所引起的冲突问题，必然能够将数据库从一个一致状态转换成另一个一致状态。然而，串行调度不能充分利用系统的资源，也就失去讨论并发操作的实际意义。实际上，调度的基本原则应该是使多个事务既要交叉执行，又要避免访问的冲突。对于同一个事务集，可能有多种调度，若其中两个调度 S_1 和 S_2，在数据库的任何初始状态下都是一样的，且它们的执行结果使数据库所处的状态也是一样的，则称 S_1 和 S_2 是等价的。**对于一个事务集，如果一个调度与一个串行调度等价，则称此调度是可串行化的。**虽然，可串行化调度是交叉执行各事务的操作，但在效果上相当于事务的某一串行调度执行。既然可串行化调度与该事务集的某一串行调度等价，那么也就避免了并发操作引发的问题，从而保持数据库的一致状态。

DBMS 并发控制保证事务的执行是可串行化的。DBMS 按照一定的协议调度事务，事务可串行化地执行。显然，对于图6.8、图6.9和图6.11中的调度，A→B 和 B→A 这两种可能的串行调度都不等价，这些调度都不是可串行化的；所以，就会导致并发操作的各种问题。

第四节 事务的隔离级别

从本质上来说，"读脏数据""不可重复读"和"幻读"都是数据库中的数据一致性问题，DBMS 提供了一定的事务隔离机制用于解决这些问题。SQL 标准定义了四种事务隔离级别，见表6.1，不同的数据库系统实现的方式有所不同。

表 6.1 SQL 标准定义的四种事务隔离级别

隔离级别	读脏数据	不可重复读	幻读
READ UNCOMMITTED（读取未提交内容）	可能	可能	可能
READ COMMITTED（读取已提交内容）	不可能	可能	可能
REPEATABLE READ（可重复读）	不可能	不可能	可能
SERIALIZABLE（可串行化）	不可能	不可能	不可能

由表6.1可见，数据库的事务隔离越严格，并发操作引发的问题越小，但付出的代价也就越大，因为事务隔离实质上就是使事务在一定程度上"串行化"执行，这显然与"并发操作"是矛盾的。然而，不同的应用对读一致性和事务隔离程度的要求不同，比如许多应用对"不可重复读"并不敏感，可能更关心数据并发访问的能力。

MySQL 的 InnoDB 支持四种事务隔离级别，默认的隔离级别是可重复读。MySQL 关于隔离级别的相关操作如下。

一、查看隔离级别

```
-- 查看全局隔离级别，显示系统变量@@ global. transaction_isolation
SELECT @@ global. transaction_isolation;
-- 查看当前会话中的隔离级别，显示系统变量@@ session. transaction_isolation
SELECT @@ session. transaction_isolation;
-- 查看当前用户下一个事务的隔离级别，显示系统变量@@ transaction_isolation
SELECT @@ transaction_isolation;
-- 注：global（全局）、session（当前会话）、transaction（事务）、isolation（隔离）、level（级别）
```

因为 MySQL 默认的隔离级别是可重复读，所以上述 3 种语句显示结果都会是 REPEAT-ABLE READ。以第 3 个语句为例，查询结果如图 6.12 所示。

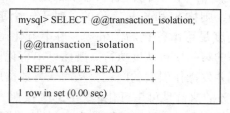

```
mysql> SELECT @@transaction_isolation;
+-------------------------+
|@@transaction_isolation  |
+-------------------------+
| REPEATABLE-READ         |
+-------------------------+
1 row in set (0.00 sec)
```

图 6.12　查看隔离级别

二、修改隔离级别

在 MySQL 中，事务的隔离级别可以用 SET 语句设置，相关 SQL 语句格式：

SET［SESSION｜GLOBAL］TRANSACTION ISOLATION LEVEL 参数值;

其中，参数值可以是表 6.1 中的四种隔离级别之一。

例如，将事务隔离级别修改为 READ UNCOMMITTED，相关语句及执行结果如图 6.13 所示。

```
mysql> SET SESSIO N TRANSACTION ISOLATION LEVEL READ UNCOMMITTED;
Query OK, 0 rows affected (0.00 sec)
mysql> SELECT @@session.transaction_isolation;
+-------------------------------------+
|@@session.transaction_isolation      |
+-------------------------------------+
| READ-UNCOMMITTED                    |
+-------------------------------------+
1 row in set (0.00 sec)
```

图 6.13　修改隔离级别为读取未提交内容

三、MySQL 四种事务隔离级别的作用

1. READ UNCOMMITTED

READ UNCOMMITTED 是事务中最低的隔离级别。该隔离级别下的事务可以读取其他事

务中未提交的数据，导致读脏数据、不可重复读和幻读问题。在实际应用中，读脏数据会带来很多问题，所以很少使用这个隔离级别。

2. READ COMMITTED

READ COMMITTED 是大多数数据库系统的默认隔离级别（但不包括 MySQL）。该隔离级别下的事务只能读取其他事务已经提交的数据，避免了读脏数据的问题。例如，在图 6.8 所示读脏数据的示例中，若事务 B 的客户端设置隔离级别为"READ COMMITTED"，就可以避免事务 B 读脏数据，详见图 6.14。

时间顺序	事务 A（甲业务员）	事务 B（乙业务员）
T1	START TRANSACTION; UPDATE 产品 SET 库存数量=库存数量-100 WHERE 产品号=41004; SELECT 库存数量 FROM 产品 WHERE 产品号=41004; #库存数量=39	
T2		#设置为"读取已提交内容"隔离级别 SET SESSION TRANSACTION ISOLATION LEVEL READ COMMITTED; SELECT 库存数量 FROM 产品 WHERE 产品号=41004; #库存数量=139
T3	ROLLBACK;	
T4	SELECT 库存数量 FROM 产品 WHERE 产品号=41004; #库存数量=139	

图 6.14　隔离级别为"读取已提交内容"可避免读脏数据

3. REPEATABLE READ

REPEATABLE READ 是 MySQL 的默认事务隔离级别，它解决了读脏数据和不可重复读问题，确保同一事务多次查询的结果是一致的。例如，在图 6.9 所示不可重复读示例的基础上增加"REPEATABLE READ"（可重复读）的隔离级别设置，使事务 B 读不到事务 A 更新的数据，避免读脏数据和不可重复读问题。详见图 6.15 所示。

时间顺序	事务 A（甲业务员）	事务 B（乙业务员）
T1		SET SESSION TRANSACTION ISOLATION LEVEL REPEATABLE READ; START TRANSACTION; SELECT 库存数量 FROM 产品 WHERE 产品号=41004; #库存数量=139
T2	UPDATE 产品 SET 库存数量=库存数量-100 WHERE 产品号=41004; #库存数量=39	
T3		SELECT 库存数量 FROM 产品 WHERE 产品号=41004; #库存数量=139

图 6.15　可重复读隔离级别的作用

4. SERIALIZABLE

SERIALIZABLE 是最高的隔离级别，它通过强制事务排序，在每个读的数据行上加共享锁，使之不可能相互冲突，从而解决了读脏数据、不可重复读和幻读问题。但是，加锁可能会导致大量的超时和锁竞争问题。例如，为了避免图 6.11 的幻读问题，将事务 A 开启的命令行窗口（简称客户端 A）的隔离级别设置成可串行化，但是可串行化引发的超时问题不可忽视。详见下列实验操作步骤。

1）将客户端 A 的事务隔离级别设置为 SERIALIZABLE，开启事务，相关语句及执行结果如下所示。

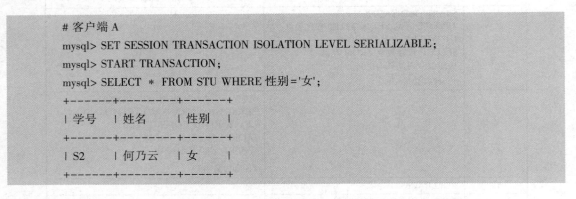

```
# 客户端 A
mysql> SET SESSION TRANSACTION ISOLATION LEVEL SERIALIZABLE;
mysql> START TRANSACTION;
mysql> SELECT * FROM STU WHERE 性别='女';
+-------+---------+-------+
| 学号  | 姓名    | 性别  |
+-------+---------+-------+
| S2    | 何乃云  | 女    |
+-------+---------+-------+
```

2）在客户端 B 执行一条插入语句，会发现 INSERT 操作一直处于等待状态，光标在不停闪动，如下所示。

```
mysql> INSERT INTO STU(学号,姓名,性别) VALUES ('S3','徐和平','女');
（此处光标不停闪动,进入等待状态）
```

3）客户端 A 提交事务，客户端 B 的插入语句才会执行，提示如下执行结果。

```
mysql> INSERT INTO STU(学号,姓名,性别) VALUES ('S3','徐和平','女');
Query OK, 1 row affected (0.00 sec)
```

4）如果客户端 A 一直不提交事务，则客户端 B 的操作一直等待，直到超时后，显示提示信息：锁等待超时，请尝试重新启动事务。默认状态下锁等待超时时间是 50 秒（s）。

```
mysql> INSERT INTO STU(学号,姓名,性别) VALUES ('S3','徐和平','女');
ERROR 1205 (HY000): Lock wait timeout exceeded; try restarting transaction
mysql>
```

从上述情况可以看出，如果一个事务设置 SERIALIZABLE 隔离级别，在这个事务没有提交之前，其他会话只能等到当前操作完成之后，才能进行操作，所以避免了幻读问题。但是，这种隔离级别下操作会非常耗时，而且会影响数据库的并发性能，所以通常情况下不会使用这种隔离级别。

第五节 加 锁 协 议

数据库是一种共享资源，在最大程度提供并发访问性能的同时，仍需要确保每个用户能以一致的方式读取和修改数据。锁（Locking）机制就是解决这类问题的最好方法之一。

利用加锁的方法实现并发控制，就是在操作之前先对数据对象加锁，防止用户读取正在由其他用户更改的数据和多个用户同时更改相同数据，从而避免并发事务之间的相互作用可能导致的问题。为了保证调度的可串行化，加锁必须遵守一定的约定，这种约定称为加锁协议。各种 DBMS 提供的锁的类型不完全一样，采用的加锁协议也有所区别。

一、(S，X) 锁

在这种加锁协议中，设有 S 和 X 两种锁。共享锁（Sharing locks）用于读访问，简称 S 锁；排他锁（Exclusive locks）用于写访问，简称 X 锁。

如果事务 T 获得数据项 Q 上的 S 锁，则 T 可读但不能写 Q，而其他事务可以同时再获得 Q 上的 S 锁。这类锁具有共享性，故称为共享锁。 S 锁用于非更新数据的操作（只读操作），如 SELECT 语句。

如果事务 T 获得数据项 Q 上的 X 锁，则 T 既可读又可写 Q，而其他事务不能再获得 Q 上的任何锁。这类锁具有排他性，故称为排他锁。 X 锁用于数据更新操作，如 INSERT、UPDATE 或 DELETE。

加锁协议可以用一个矩阵表示，称为相容矩阵。图 6.16 是（S，X）锁的相容矩阵，其描述 S 锁和 X 锁的特点。其中列表示其他事务对某数据对象已拥有锁的情况，行表示事务的锁请求。由于 S 锁用于只读访问，故 S 锁与 S 锁相容，锁请求可以获准，此时在矩阵中填 Y（yes）。在一个数据对象上加共享锁时，将允许多个事务并发地读这个数据对象。若一个事务获准某数据对象上的 S 锁，而另一个事务申请 X 锁，那么，由于 S 锁与 X 锁不相容，所以，在矩阵中填 N（no），即锁请求不能获准，申请加锁的事务须等待其他事务释放其拥有的锁。总之，当事务 T 申请获得数据对象 Q 上的某一种类型的锁时，只要没有其他事务已在 Q 上加了不相容的锁，T 的申请就能够获准。

假设不断有事务申请对数据项加 S 锁，以致该数据对象始终被 S 锁占有，而 X 锁的申请迟迟不能获准，这种现象称为活锁（Live Lock）。为了避免活锁，在加锁协议中应规定"先申请先服务"的原则，保证 X 锁之后申请的 S 锁不会先被获准。

为了保证事务的可串行化操作，（S，X）锁一般应保持到事务结束才释放。大多数DBMS 都采用这种加锁协议。

锁请求	无锁	S 锁	X 锁
S 锁	Y	Y	N
X 锁	Y	N	N

图 6.16 (S，X) 锁的相容矩阵

二、两阶段封锁协议

保证调度可串行化的一个协议是两阶段封锁协议（Two-phase Locking Protocol）。该协议要求一个事务分下列两个阶段提出加锁和解锁申请。

- 锁增长阶段（Growing Phase）：事务可以获得锁，但不能释放锁。
- 锁缩减阶段（Shrinking Phase）：事务可以释放锁，但不能获得新锁。

当事务处于增长阶段，可以根据需要加锁。一旦事务开始释放锁，就进入了缩减阶段，不能再发出加锁请求。

例如，图 6.17a 中的事务 T_1 的加锁和解锁是分为两阶段进行的，故称为两阶段事务。图 6.17b 中的事务 T_2 是一个非两阶段事务的例子。

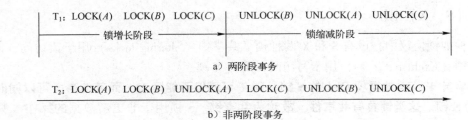

T_1: LOCK(A) LOCK(B) LOCK(C) │ UNLOCK(B) UNLOCK(A) UNLOCK(C)

├────── 锁增长阶段 ──────→│←────── 锁缩减阶段 ──────→

a）两阶段事务

T_2: LOCK(A) LOCK(B) UNLOCK(A) LOCK(C) UNLOCK(B) UNLOCK(C)

b）非两阶段事务

图 6.17　两阶段事务与非两阶段事务

可以证明，只要所有事务遵守先加锁、再操作的原则，并且所有事务均是两阶段事务，它们的任何调度都是可串行化的。

另外，还有几个与两阶段封锁相关的概念。

1. 严格两阶段封锁协议

- 封锁是两阶段的。
- 事务持有的所有排他锁在事务提交后方可释放。

严格两阶段封锁协议保证未提交事务所修改的任何数据，在该事务提交之前均以排他锁方式加锁，防止其他事务读这些数据。

2. 强两阶段封锁协议

- 封锁是两阶段的。
- 事务提交之前不能释放任何锁。

3. 锁的转换

通过将共享锁提升（upgrade）为排他锁，将排他锁降级（downgrade）为共享锁，可以获得更多的并发性。锁的转换必须遵守下列规则：

- 锁提升只能发生在增长阶段。
- 锁降级只能发生在缩减阶段。

当前商品化的 DBMS 比较广泛地使用严格两阶段封锁、强两阶段封锁和锁转换的概念，大部分数据库系统要么采用严格两阶段封锁协议，要么采用强两阶段封锁协议。加锁是由 DBMS 统一管理的。DBMS 提供一个锁表，记录各个数据对象加锁的情况。通常 DBMS 根据事务的读写请求，自动地产生加锁和解锁指令。

- 当事务 T_i 进行 read（Q）操作时，系统将自动产生一个 lock-S（Q）指令，然后执行 read（Q）指令。
- 当事务 T_i 进行 write（Q）操作时，系统先检查 T_i 是否已经在 Q 上持有共享锁。若有，则系统发出锁升级指令 upgrade（Q），然后执行 write（Q）指令，否则系统先发出 lock-X（Q）指令，再执行 write（Q）指令。
- 当一个事务提交或回滚后，该事务持有的所有锁都自动被释放。

三、封锁的粒度

在前面介绍封锁方法时，只是笼统地提到在数据对象（资源）上加锁，那么这个数据对象究竟能够有多大，尚未讨论。**封锁对象的大小称为封锁的粒度**（Granularity）。在数据库中，封锁的对象可以是逻辑单元，也可以是物理单元。在关系数据库中，封锁的对象可以是数据库、表、行和列等逻辑单元，也可以是页、块等物理单元。对这些不同级别数据对象锁定的方法，称为多粒度封锁。现代大型数据库一般都支持多粒度封锁，允许一个事务锁定不同类型的资源。在微机 DBMS 中，并发度不高，一般以表作为封锁单位，故这种封锁称为单粒度封锁。

一般来讲，封锁的粒度小（例如行），能够增加并发度，但需要控制的锁将会增多，使系统的开销增大；封锁的粒度大，例如，锁定表将会封锁其他事务对这个表的访问，将使并发度下降，但因需要维护的锁较少，要求系统的开销较小。应该根据需要选择封锁粒度，权衡提高并发度和减少锁个数的利弊。支持多粒度封锁的数据库系统能够根据用户的需要自动选择封锁的粒度。例如，MySQL 为了使封锁的开销减至最少，自动将资源封锁在适合任务的级别。锁的粒度主要分为表锁和行锁。

第六节　死锁及其处理

若一个事务申请锁未被获准，则须等待其他事务释放锁。这就形成了事务之间的等待关系。当事务中出现循环等待时，如果不加以干预，则会一直等待下去，称为死锁（Dead Lock）。

例如，图 6.18 中的事务 T_1 和 T_2 出现循环等待现象，T_1 等待 T_2 释放 B 上的锁（UNLOCK-X（B）），T_2 等待 T_1 释放 A 上的锁（UNLOCK-X（A）），两个事务都处于等待状态，如果不加以干预，则会一直等待下去。

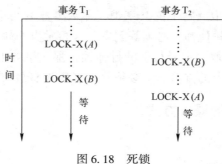

图 6.18　死锁

目前，有两种解决死锁的方法：一是采取某些措施，预防死锁发生；二是允许死锁发生，然后解除它。

1. 预防死锁

死锁预防协议可保证系统永不进入死锁状态。预防的策略适用于系统进入死锁的概率较高的情况。预防死锁的方法有下列三种。

方法一：要求每一个事务必须同时封锁所要使用的全部数据，从而保证不会发生循环等待问题。例如，图 6.18 中的事务 T_1 将数据项 A、B 一次加锁，T_1 就可以执行下去，而 T_2 等待。当 T_1 释放 A、B 上的锁后，T_2 再执行。这种方法有两个缺点：一是在事务的开始，很难预知有哪些数据需要封锁；二是过早地封锁数据，将降低数据的使用效率。

方法二：对所有数据对象规定一个封锁的次序，要求所有事务必须按照这个次序封锁数据对象。例如，假设规定图 6.18 中封锁的次序是 A、B，T_1 和 T_2 都必须按这个次序来顺序封锁。T_1 首先封锁 A，当 T_2 请求封锁 A 时，因为 T_1 已经封锁了 A，T_2 就只能等待了。直到 T_1 释放 A、B 上的锁之后，T_2 再执行。这样就不会发生死锁了。但是，在数据库系统中很难确定所有访问的数据，而且数据是变动的，次序也是经常调整的，很显然，上述两种方法对数据库系统来说都是不实用的。

方法三：当事务申请锁未被获准时，不等待加锁，而是让一些事务回滚重新执行。死锁来自循环等待，没有等待，也就不会有死锁。这种方法对数据库系统来说比较实用。

2. 死锁的检测和解除

允许数据库系统出现死锁，在检测出死锁之后，再消除死锁。该方法适用于系统进入死锁的概率较低的情形。DBMS 周期性地测试数据库是否处于死锁状态。如果发现死锁，则在循环等待的事务中，选择一个事务执行回滚操作，释放该事务获得的锁及其他资源，使其他事务继续运行。

第七节　MySQL 的锁机制

MySQL 的锁机制有一些技术上的特色，除共享锁和排他锁以外，还设置了意向锁。

一、MySQL 的（S，X）锁

MySQL 的共享（S）锁和排他（X）锁的基本概念与前面的阐述相同，锁的粒度是行或者表。

共享锁：如果事务 A 获取一行上的共享锁，那么事务 B 可以立即获取这一行上的共享锁，但不能获取这个行上的排他锁，必须等到事务 A 释放共享锁之后。

排他锁：如果事务 A 获取表中一行上的排他锁，那么事务 B 不能立即获取这一行上的共享锁，也不能获取这一行上的排他锁，必须等到事务 A 释放排他锁之后。

二、MySQL 关于锁的操作方式

1. 隐式锁定

隐式锁定：数据库系统自动加锁。

在事务执行过程中，InnoDB 依据两阶段锁协议，根据隔离级别对 UPDATE、DELETE 和 INSERT 语句自动加意向排他（IX）锁和排他锁；对于普通 SELECT 语句，不加锁；当事务执行 COMMIT 或者 ROLLBACK 时，释放锁。

2. 显式锁定

显式锁定：用户手动执行 SQL 语句以对表或某些行加锁。以下加锁语句都只能在事务中使用，在事务执行提交（COMMIT）或者回滚（ROLLBACK）语句之前，被锁定的数据行将一直处于锁定状态。

（1）行级共享锁语句格式

SELECT <列名表> FROM <表名> WHERE <条件表达式> LOCK IN SHARE MODE；

功能：该语句在查询结果的数据行上加共享锁，允许其他事务对这些数据行再加共享锁或读取操作，阻止其他事务对其再加排他锁或者进行更新操作，阻止的方式是令其操作处于等待状态，等待超时（超时时间由系统设定，如 50 秒），则其操作将被撤销，以避免死锁现象发生。该语句可有效地避免读脏数据、不可重复读和幻读等并发操作的问题。

验证 MySQL 共享锁作用的实验方法类似于例 6.6，首先，打开多个命令行窗口，每个窗口开启一个事务，模拟多用户操作环境，接着，在其中一个事务中设置共享锁，然后在其他事务中加共享锁和执行查询操作，观察运行结果，最后加排他锁和执行更新操作，再观察运行结果。

（2）行级排他锁语句格式

SELECT <列名表> FROM <表名> WHERE <条件表达式> FOR UPDATE；

功能：该语句在查询结果的数据行上加排他锁，用于阻止其他事务对这些数据行进行更新操作，避免并发操作引发的冲突问题。例如，在机票订购系统中，可能有多个客户同时购买同一张机票，但一张机票只能售给一个人，这种情况下就可以使用该语句锁定这张机票。

注意：该语句只能在事务中使用，在事务提交或者回滚之前，这些数据行将一直处于锁定状态，其他事务对其再加共享锁或者排他锁的请求将被阻止，使其处于等待状态。为了避免死锁，一旦等待超时，其操作将会被撤销。若其他事务查询这些数据行，则结果是锁定前的状态。由此可见，该语句可以有效地避免读脏数据、不可重复读和幻读问题。例 6.6 模拟该语句的执行效果。

例 6.6 打开两个命令行窗口，选择 TEST_DB 数据库，第一个窗口开启事务 A，第二个窗口开启事务 B，模拟多用户并发操作场景，体验 MySQL 排他锁的操作功能。

1）对话 1（事务 A），在客户表中客户编号 ='C7' 的数据行加行级排他锁，进行数据更新操作。在命令行窗口输入的代码、执行结果和简要注释如图 6.19 所示。

2）对话 2（事务 B），因为在事务 A 提交之前，不允许事务 B 在 A 锁定的数据行上再加共享锁和排他锁，加锁请求不执行，呈现光标闪动状态，表示操作处于等待状态，若超过等待时间，则操作被撤销，提示"等待超时，尝试重新启动事务。"此时，事务 B 查询事务 A 锁定的数据行的结果是锁定前的状态（确保事务 B 的可重复读性）。在命令行窗口中输入的实验代码、执行结果和简要注释如图 6.20 所示。

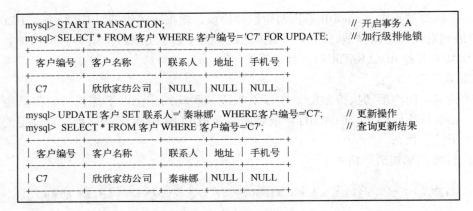

```
mysql> START TRANSACTION;                                              // 开启事务 A
mysql> SELECT * FROM 客户 WHERE 客户编号='C7' FOR UPDATE;              // 加行级排他锁
+-----------+-----------+---------+-------+---------+
| 客户编号   | 客户名称   | 联系人   | 地址  | 手机号  |
+-----------+-----------+---------+-------+---------+
| C7        | 欣欣家纺公司 | NULL   | NULL  | NULL   |
+-----------+-----------+---------+-------+---------+
mysql> UPDATE 客户 SET 联系人=' 秦琳娜'  WHERE客户编号='C7';           // 更新操作
mysql>  SELECT * FROM 客户 WHERE 客户编号='C7';                       // 查询更新结果
+-----------+-----------+---------+-------+---------+
| 客户编号   | 客户名称   | 联系人   | 地址  | 手机号  |
+-----------+-----------+---------+-------+---------+
| C7        | 欣欣家纺公司 | 秦琳娜  | NULL  | NULL   |
+-----------+-----------+---------+-------+---------+
```

图 6.19　事务 A 加排他锁

```
mysql> START TRANSACTION;                                                      // 开启事务 B
mysql> SELECT * FROM 客户 WHERE 客户编号='C7' LOCK IN SHARE MODE;             // 加共享锁失败
ERROR 1205 (HY000): Lock wait timeout exceeded;  try restarting transaction
mysql> SELECT * FROM 客户 WHERE 客户编号='C7' FOR UPDATE;                     // 加排他锁失败
ERROR 1205 (HY000): Lock wait timeout exceeded; try restarting transaction
mysql> SELECT * FROM 客户 WHERE 客户编号='C7'                                  // 读被事务A锁定的行
+-----------+-----------+---------+-------+---------+
| 客户编号   | 客户名称   | 联系人   | 地址  | 手机号  |   // 因事务A未提交，数据没变
+-----------+-----------+---------+-------+---------+
| C7        | 欣欣家纺公司 | NULL   | NULL  | NULL   |   // 避免读脏数据和不可重复读
+-----------+-----------+---------+-------+---------+
```

图 6.20　事务 A 对其他事务的排他性实验

（3）表级共享锁语句格式

LOCK TABLES <表名> READ；

例如：

LOCK TABLES 客户 READ；　　　//加表级共享锁(读锁)

功能：该语句在一个表上加共享锁，允许其他事务对该表再加共享锁或读取该表的数据，阻止其他事务对该表加排他锁或者修改表中数据，若其他事务请求加排他锁，则将被阻止，使操作处于等待状态，一旦等待超时，其操作将会被撤销。通常在备份表中数据时，使用该语句锁定表，防止备份过程中表的数据被修改。

注意：当前会话锁定了其中一个表，只能对这个表进行操作，无法查询当前数据库中的其他表，否则系统报出类似"ERROR 1100（HY000）：Table '职工' was not locked with LOCK TABLES"的错误。

例 6.7　如例 6.6 模拟多用户并发操作场景，体验 MySQL 表级共享锁的操作效果。

1）对话 1（事务 A）：在客户表上加共享锁，然后执行查询和更新客户表操作，以及查询职工表操作。将会发现以共享锁方式锁定的表，只能以只读方式对该表操作，并且阻止对当前数据库中其他表的读写操作。在命令行窗口中输入的实验代码、执行结果和简要注释如图 6.21 所示。

```
mysql> LOCK TABLES 客户 READ;                              // 在客户表加共享锁
Query OK, 0 rows affected (0.00 sec)
mysql> SELECT * FROM客户 WHERE 客户编号='C7';              // 查询客户表
+--------+----------+--------+------+--------+
| 客户编号 | 客户名称   | 联系人 | 地址 | 手机号 |
+--------+----------+--------+------+--------+
| C7      | 欣欣家纺公司 | NULL  | NULL | NULL  |
+--------+----------+--------+------+--------+
1 row in set (0.00 sec)
mysql> UPDATE客户 SET 联系人=' 秦琳娜' WHERE 客户编号='C7';  // 拒绝更新客户表
ERROR 1100 (HY000): Table '订单' was not locked with LOCK TABLES
mysql> SELECT * FROM职工;                                  // 拒绝查询该数据库的其他表
ERROR 1100 (HY000): Table '职工' was not locked with LOCK TABLES
```

图 6.21　表级共享锁的作用

2）对话 2（事务 B）：在事务 A 解除客户表的共享锁之前，允许事务 B 在客户表上加共享锁或读取客户表的数据，但不允许在客户表加排他锁或更新数据，也不允许对 TEST_ DB 数据库其他表进行读写操作，如果有这类操作，则请求将被阻止，光标闪动表示操作处于等待状态。在命令行窗口中输入的实验代码、执行结果和简要注释如图 6.22 所示。

```
mysql> lock tables  客户 READ;                              // 允许在客户表加共享锁
Query OK, 0 rows affected (0.00 sec)
mysql> SELECT * FROM 客户 WHERE客户编号='C7' ;             // 允许查询客户表
+--------+----------+--------+------+--------+
| 客户编号 | 客户名称   | 联系人 | 地址 | 手机号 |
+--------+----------+--------+------+--------+
| C7      | 欣欣家纺公司 | NULL  | NULL | NULL  |
+--------+----------+--------+------+--------+
1 row in set (0.00 sec)
mysql> UPDATE  客户 SET 联系人='秦琳娜' WHERE 客户编号='C7';  // 拒绝更新客户表
ERROR 1100 (HY000): Table  '客户' was not locked with LOCK TABLES
mysql> SELECT * FROM职工；                                 // 阻止查询其他表，使其处于等待解锁状态
    ->
```

图 6.22　表级共享锁对其他事务的影响

（4）表级排他锁语句格式

LOCK TABLES <表名> WRITE；

例如：

LOCK TABLES 客户 WRITE；　　//加表级排他锁（写锁）

功能：该语句在表（如客户表）上加排他锁（写锁），允许以独占的方式对该表进行增删改和查询操作，不允许对当前数据库的其他表进行读写操作，也不允许其他事务对该表再加共享锁、排他锁或者读写操作，但是不影响其他事务对当前数据库其他表的读写操作。

例 6.8　如例 6.6 模拟多用户并发操作场景，体验 MySQL 表级排他锁的操作效果。

1）对话 1（事务 A）：在客户表上加排他锁，然后对客户表执行增删改和查询操作，以

及查询职工表操作。可以发现在表上加排他锁后，就不能对当前数据库中其他表进行读写操作。在命令行窗口中输入的实验代码、执行结果和简要注释如图 6.23 所示。

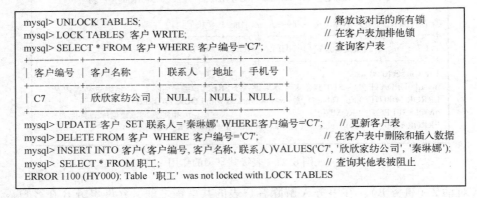

图 6.23　表级排他锁的作用

2）对话 2（事务 B）：在事务 A 解除客户表的排他锁之前，不允许事务 B 在客户表获得共享锁、排他锁和进行读取操作，这一类操作请求将被阻止，光标闪动表示操作处于等待状态。但事务 B 可以对当前数据库的其他表（除客户表以外）进行各种读写操作。在命令行窗口中输入的实验代码、执行结果和简要注释如图 6.24 所示（为了减少篇幅，适当省略部分系统应答提示信息）。

```
mysql> SELECT * FROM 职工 WHERE 职工号='E1';
+--------+--------+--------+------------+--------+---------+----------+
| 职工号 | 姓名   | 性别   | 出生年月   | 职务   | 工资    | 身份证号 |
+--------+--------+--------+------------+--------+---------+----------+
| E1     | 李树生 | 男     | 1981-03-12 | 经理   | 8800.00 | NULL     |
+--------+--------+--------+------------+--------+---------+----------+
mysql> UPDATE  职工  SET 出生年月='1990-10-2'  WHERE职工号='E7';
mysql> DELETE FROM  职工 WHERE  职工号='E7';
mysql> INSERT INTO职工(职工号, 姓名, 性别) VALUES('E7','葛晓燕', '女');
```

图 6.24　表级排他锁不影响其他事务对非锁定表的操作

（5）解除表锁语句格式

UNLOCK TABLES；

功能：执行该语句将释放当前会话中持有的任何锁。另外，如果当前会话执行另外一个 LOCK TABLES 语句，或者关闭服务器的连接，那么也会自动解除表上的锁。

三、MySQL 的意向锁

为了提高加锁效率和并发度，MySQL 在 S 锁和 X 锁的基础上增加了意向锁，意向锁是表级锁，锁的粒度是整个表。它分为意向共享（IS）锁和意向排他锁。意向锁是由数据库系统自动维护的，不需要用户操作意向锁，在数据行加 S 锁或 X 锁之前，InnoDB 会先在该数据行所在表上加对应的意向锁。意向锁加锁的规则如下。

1）意向共享锁：事务要获取表中某些行的 S 锁，必须先获得表的 IS 锁。执行下列 SQL

语句，数据库系统自动在表上加 IS 锁。

> SELECT <列名表> FROM <表名>... LOCK IN SHARE MODE;

2）意向排他锁：事务要获取表中某些行的 X 锁，必须先获得表的 IX 锁。执行下列 SQL 语句，数据库系统自动在表上加 IX 锁。

> SELECT <列名表> FROM <表名>... FOR UPDATE;

下面举例说明意向锁的作用，首先分析只有 S、X 锁的情况，然后分析加了意向锁的情况。

例 6.9 有事务 A 和事务 B，事务 A 要修改客户表中客户编号 = 'C3' 的数据行，获取客户表的行级排他锁，事务 B 要查询客户表的所有数据，需要对客户加表级共享锁。

1）在没有意向锁的情况下，分析这两个事务的执行情况。

> #事务 A 执行下列语句获取客户编号 = 'C3'这个元组的排他锁，但并未提交
> SELECT * FROM 客户 WHERE 客户编号 = 'C3' FOR UPDATE;
> #事务 B 想要对客户表进行读操作，执行下列语句申请加表级共享锁
> LOCK TABLES 客户 READ;

因为共享锁与排他锁互斥，所以事务 B 能否拥有客户表级的共享锁，需要判断如下两个条件：

- 当前没有其他事务在客户表上持有排他锁（表级锁）。
- 当前没有其他事务在客户表中任意一行上持有排他锁（行级）。

首先，事务 B 检测客户表是否被其他事务加表级排他锁，如果没有，则继续检测客户表中每一行是否被其他事务加了行级排他锁，这就相当于对客户表的所有行遍历，若客户表是一个有海量数据的表，那么这个加锁的消耗将会非常大。这就是意向锁要解决的问题。

2）在有意向锁的情况下，分析这两个事务的执行情况。

事务 A 获取客户表的意向排他锁和客户编号 = 'C3'的行级排他锁。

事务 B 为了获取客户表的共享锁，首先检测到事务 A 已经获取了客户表上意向排他锁（表级），说明事务 A 已在客户表上拥有排他锁，不必再对客户表继续检测了，事务 B 对客户表的加锁请求被阻塞（排斥），从而提高了加锁效率。此时，事务 B 的加锁请求将处于等待状态，光标不停闪动，直到事务 A 执行 COMMIT 或 ROLLBACK 释放排他锁为止。

由此可见，意向锁的用途是提高加锁和并发操作的效率。意向锁是由数据库系统掌控的，无须用户干预，用户只需要了解一些基本概念，并明白以下四点：

- 意向共享锁和意向排他锁都是表级锁；
- 意向锁是一种不与行级锁冲突的表级锁；
- 意向锁是 InnoDB 自动加锁的，无须用户干预；
- 意向锁是在 InnoDB 下存在的内部锁。

本节只是简要介绍了 MySQL 中锁的基本概念和基本操作方法，更详细的内容可以参考 MySQL 技术手册和相关书籍。

本 章 小 结

本章介绍了事务的基本概念、事务的四个性质、事务处理模型。MySQL 中定义了 START TRANSACTION、COMMIT、ROLLBACK 等事务处理语句。事务是数据库管理的逻辑单元，事务是并发控制和数据恢复的基本理论依据与实现技术。

数据库系统是一个多用户共享系统，多用户并发操作会带来一系列问题，本章详细分析了并发操作引起的 3 类问题，介绍了并发操作问题的解决方法，包括可串行化调度、事务的隔离级别、封锁机制、（S，X）锁、两阶段锁协议等。

封锁是并发控制的基本方法，本章讨论了封锁的粒度、死锁及解决死锁的办法等。

习　　题

一、名词解释

事务、S 锁、X 锁、活锁、死锁、可串行化调度、两阶段封锁协议。

二、单项选择题

1. 事务"要么不做，要么全做"的性质称为事务的　　　　　　　　　　　　　　　【　　】
   A. 持久性　　　　　　　B. 隔离性　　　　　　　C. 一致性　　　　　　　D. 原子性

2. SQL 的 COMIMIT 和 ROLLBACK 语句的主要用途是实现事务的　　　　　　　【　　】
   A. 原子性　　　　　　　B. 隔离性　　　　　　　C. 一致性　　　　　　　D. 持久性

3. 事务"使数据库从一个一致状态转变到另一个一致状态"的性质称为事务的【　　】
   A. 原子性　　　　　　　B. 隔离性　　　　　　　C. 一致性　　　　　　　D. 持久性

4. 在数据库系统中，利用封锁机制实现　　　　　　　　　　　　　　　　　　　【　　】
   A. 完整性控制　　　　　B. 安全性控制　　　　　C. 一致性控制　　　　　D. 并发控制

5. 数据库系统的并发控制保证了事务的　　　　　　　　　　　　　　　　　　　【　　】
   A. 原子性　　　　　　　B. 隔离性　　　　　　　C. 一致性　　　　　　　D. 持久性

6. 如果事务 T 获得数据项 Q 上的 S 锁，则 T 对 Q　　　　　　　　　　　　　【　　】
   A. 不能读不能写　　　　　　　　　　　　　　　B. 只能读不能写
   C. 不能读只能写　　　　　　　　　　　　　　　D. 既可读又可写

7. 如果事务 T 获得数据项 Q 上的 X 锁，则 T 对 Q　　　　　　　　　　　　　【　　】
   A. 不能读不能写　　　　　　　　　　　　　　　B. 只能读不能写
   C. 不能读只能写　　　　　　　　　　　　　　　D. 既可读又可写

8. 在数据库系统中，"读脏数据"是指一个事务读了另一个事务　　　　　　　　【　　】
   A. 未更新的数据　　　　　　　　　　　　　　　B. 未撤销的数据
   C. 未提交的数据　　　　　　　　　　　　　　　D. 未刷新的数据

9. 数据库系统安排多个事务并发执行顺序的过程称为　　　　　　　　　　　　　【　　】
   A. 步骤　　　　　　　B. 进程　　　　　　　C. 调度　　　　　　　D. 优先级

10. 封锁可以避免数据的不一致性，但可能会引起系统　　　　　　　　　　　　【　　】
    A. 崩溃　　　　　　　B. 死锁　　　　　　　C. 故障　　　　　　　D. 数据丢失

三、填空题

1. DBMS 并发控制保证事务的执行是 ＿＿＿＿＿＿＿＿＿＿＿＿ 。

2. 事务的隔离性是由 DBMS 的 ＿＿＿＿＿＿＿＿＿＿＿＿＿＿＿ 实现的。

3. 两阶段封锁协议规定事务在 ＿＿＿＿＿＿＿＿＿＿＿＿ 阶段可以获得锁。

4. 在 MySQL 中，在客户表的一行上加共享锁的 SQL 语句是 SELECT ＊ FROM 客户 WHERE 客户编号 ='C3' ＿＿＿＿＿＿＿＿＿＿＿＿＿＿＿ 。

5. 在 MySQL 中，在客户表的一行上加排他锁的 SQL 语句是 SELECT ＊ FROM 客户 WHERE 客户编号 ='C3' ＿＿＿＿＿＿＿＿＿＿＿＿＿＿＿ 。

6. MySQL 中的意向锁是 ＿＿＿＿＿＿＿＿＿＿＿＿＿＿＿ 。

四、简答题

1. 简述事务的 4 个性质，并说明数据库系统实现这 4 个性质的方法。

2. 简述 COMMIT 和 ROLLBACK 语句的功能。

3. 并发操作可能引起哪些问题？如何解决？

4. 并发操作可能导致哪些问题？如何处理？

5. 什么是死锁？如何解除死锁状态？

6. 什么是可串行化调度？

7. 简述数据库的并发控制方法。

8. X 锁与 S 锁有什么区别？

9. 有些事务只需要读数据，为什么要加 S 锁？

10. 举例说明什么是幻读。

11. 设置隔离级别的用途是什么？

12. 解决死锁的两种方法分别是什么？

五、上机实验三

1. 为了深入理解本章介绍的基本概念，在 MySQL 客户端命令行窗口中将本章的所有例题做一遍。为了提高学习效率，可以直接复制源代码并粘贴到命令行中，观察语句功能和执行结果。

2. 体验 MySQL 的事务处理功能。在 MySQL 客户端命令行窗口完成下列操作。

1）查看 MySQL 当前的隔离级别。

2）创建一个数据库和一个表，在该表中插入 3 行数据，显示表中数据。

3）开启一个事务，更新表中的记录，再提交事务，最后查询表中数据是否已更改。

4）开启一个事务，更新表中的记录，再回滚事务，最后查询表中数据是否已更改。

5）开启一个事务，更新表中的记录，设置一个保存点，再进行更新操作，然后回滚事务到保存点，最后回滚事务。在每个操作之后查询数据的状态，了解 MySQL 事务处理的功能。

3. 体验 MySQL 的封锁功能。参照例 6.6~例 6.8 模拟多用户系统环境，体验行级共享锁/排他锁、表级共享锁/排他锁的功能。

第七章 备份与恢复

学习目标：

1. 本章介绍确保数据库可靠性的基本概念和实现技术，重点讲授数据库的备份方法和故障恢复方法，包括数据库备份方法（简单备份和完全备份），以及事务日志在数据库故障恢复中的作用。

2. 要求掌握数据库备份和恢复的方法，理解事务日志和检查点在故障恢复中的用途，了解 MySQL 备份与恢复的方法，能够上机演示本章例题，深入理解实际的 DBMS 是如何实现数据库的可靠性、确保数据库数据的一致性的。

建议学时： 4 学时。

教师导读：

1. 本章介绍确保数据库系统可靠性和事务持久性的实现方法，包括数据库的备份与恢复、事务日志、检查点机制、数据库故障恢复的对策等基本理论和基本概念，以及在 MySQL 系统中的具体实现技术。

2. 学习本章内容将会进一步领会数据库系统运行的基本原理。

3. 本章在讲授概念和方法时，列举了 MySQL 数据库系统操作示例，读者可以将这些示例上机演示，加深对理论和操作技术的理解。

4. 在学完本章内容后，要求完成上机实验四。

第一节 数据库故障的种类

如果数据库中只包含成功事务提交的结果，则称数据库处于一致状态。如果数据库在运行中发生故障，使一些事务尚未完成就被迫中断，它们对数据库的修改有一部分已写入物理数据库，则称数据库处于一种不一致状态。此时需要 DBMS 的恢复子系统根据故障的类型采取相应的措施，将数据库恢复到某种一致的状态。不同的故障类型，恢复措施也不同。在数据库运行过程中，可能发生的故障有以下 4 类。

一、事务故障

事务在运行过程中由于种种原因，如数据输入错误、数据溢出、违反了某种完整性约束、应用程序错误以及并发事务发生死锁等，使事务非正常中止，称为事务故障。

二、系统故障

系统在运行过程中由于种种原因，如硬件故障、操作系统或 DBMS 代码错误、突然断电、误操作等，造成系统停止运行，导致内存中的数据丢失，但外存储器设备上的数据未受影响，这种故障称为系统故障。

三、介质故障

系统在运行过程中，由于某种硬件故障，如磁盘损坏、磁头碰撞、操作系统潜在错误、瞬间强磁场干扰，造成外存储器上的数据部分或全部丢失，这种故障称为介质故障。

四、计算机病毒

计算机病毒是一种人为破坏计算机正常工作的特殊程序。通过读写感染病毒的计算机程序与数据，这些病毒迅速繁殖和传播，危害计算机系统和数据库。有的恶性病毒会使计算机系统处于瘫痪状态。有的病毒有较长的潜伏期，计算机感染两三年后才开始发作，有的则在特定日期才产生破坏作用；有的病毒感染所有程序和数据，有的只感染特定程序和数据。计算机病毒已成为计算机系统的重要安全威胁。

上述数据库系统中可能发生的各类故障对数据库的破坏可以划分为两类：一类是数据库本身被破坏，如发生介质故障，或遭受计算机病毒破坏；另一类是数据库本身没有被破坏，但由于有些事务在运行中非正常中止，使数据库中可能包含未完成事务对数据库的修改，破坏了数据库的正确性，使数据库处于不一致状态，如事务故障、系统故障和某些只破坏内存中数据的病毒发作导致的故障。

对于不同类型的故障，应采取不同类型的恢复操作。这些恢复操作的基本原理是利用后备副本将数据库恢复到转储时的一致状态，利用运行记录（事务日志）将数据库恢复到故障前事务成功提交时的一致状态。数据库恢复操作涉及后备副本和事务日志两个基本概念。

第二节 数据备份（转储）

备份（Backup）是指将数据库转储到磁带或另一个磁盘上保存的过程。这些备份文件称为后备副本或后援副本。一旦发生介质故障，数据库遭到破坏，重新装入后备副本可以将数据库恢复到转储时刻的一致状态。

一、数据库备份的分类

1. 物理备份

物理备份是指对操作系统下数据库物理文件（如数据文件、日志文件等）的备份。物理备份又可以分为脱机备份（冷备份）和联机备份（热备份）。

1）脱机备份：在关闭数据库时进行的备份操作，能够较好地保证数据库的完整性。

2）联机备份：在数据库运行中进行的备份操作，这种备份方法依赖于数据库的日志文件。

2. 逻辑备份

逻辑备份是指对数据库逻辑组件（如表等数据库对象）的备份。从数据库的备份策略角度来看，逻辑备份主要分为完全备份和增量备份。

1）完全备份：备份整个数据库，包含用户表、系统表、索引、视图和存储过程等所有数据库对象。完全备份是指每次都把整个数据库中的内容进行备份。

2）增量备份：只备份上次完全备份或者增量备份之后被修改的内容。

二、应用 mysqldump 命令备份数据库

绝大多数 DBMS 都提供了简便的数据转储方法。例如，mysqldump 是 MySQL 自带的逻辑备份工具，可以将数据库中的数据备份成一个文本文件，表的结构和表中的数据存储在该文本文件（通常称为脚本文件）中。mysqldump 的工作原理很简单。首先，查出创建表的结构定义信息，在文本文件中生成一个创建表的 CREATE TABLE 语句；然后，将表中所有数据转换成 INSERT 语句。当数据库恢复时，先执行 CREATE TABLE 语句创建表，再执行 IN-SERT 语句在表中插入数据，就可以还原数据库。

mysqldump 是一个存放在 MySQL 的 bin 子目录下的应用程序。在第四章第二节中已经设置 Windows 的用户环境变量 Path 为 C：\ Program Files \ MySQL \ MySQL Server 8.0 \ bin，指定 MySQL 可执行文件的绝对路径。另外，具有备份权限的用户才能执行备份操作，否则拒绝备份，所以一定要以管理员身份登录命令提示符窗口。

mysqldump 命令的基本语法格式：

> mysqldump –u root –p［密码］［数据库名］> \目录\备份文件名 . sql

例 7.1 备份 school 数据库，存储的路径和文件名为 C：\mytestdb\schoolback. sql。
备份命令：

> mysqldump –u root –p school> C：\mytestdb\schoolback. sql

操作步骤如下。
1）启动 MySQL 服务器。
2）在开始窗口的【命令提示符】上单击右键，在弹出的快捷菜单中选择【以管理员身份】，打开命令提示符窗口，输入如下命令行：

> mysqldump –u root –p school> C：\mytestdb\schoolback. sql

系统提示输入密码，输入正确的密码后，如果没有错误，就开始备份数据库，再次出现命令提示符就说明已经备份完毕。可以在设定的文件夹中查看备份文件名。

在命令提示符窗口中输入的命令及其运行结果如图 7.1 所示。

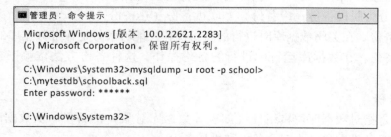

图 7.1　mysqldump 命令及其执行结果

如果没有设置 Path 路径，则可以运行 cd 命令切换到 bin 子目录，在命令提示符窗口输入下列两行命令：

```
            cd C:\Program Files\MySQL\MySQL Server 8.0\bin
            mysqldump -u root -p school> C:\mytestdb\schoolback.sql
```

上述两个命令的执行结果与图 7.1 相同。

mysqldump 有多种功能,提供多种备份方式。

(1)备份所有数据库

```
    mysqldump -u root -p --all-databases > \目录\备份文件名.sql
```

(2)备份多个数据库(多个数据库名以空格间隔)

```
    mysqldump  -u root -p --databases db1 db2 db3> \目录\备份文件名.sql
```

在备份多个数据库时,必须加"--databases"参数,否则无法分辨是数据库名还是表名。

(3)备份指定数据库中的指定表(多个表名以空格间隔)

```
    mysqldump -u root -p  数据库名  表名1  表名2... > \目录\备份文件名.sql
```

MySQL 的增量备份是通过二进制日志实现的,本章第四节将介绍增量备份。

第三节　事　务　日　志

一、事务日志的基本概念

事务日志记录对数据库的所有更新操作,也称为运行记录。事务日志是保证事务原子性的一种方法,它记载了每一个事务在执行过程中对数据库所做更新的状态。在事务运行过程中,DBMS 将事务的每一个更新操作登记在日志文件中。事务日志一般包括下列 3 方面内容。

1)事务的开始标记(START TRANSACTION)。

2)事务的结束状态(COMMIT 或 ROLLBACK)。

3)事务的更新操作:更新的数据对象、更新前的值(前像)、更新后的值(后像)。

这里事务的开始标记、结束状态和每一个更新操作作为一个日志记录(LOG RECORD)存储在日志文件中。更新记录的格式是<T,X,V,W>,其含义是事务 T 修改了数据库元素 X 的值,X 修改前的值是 V,修改后的值是 W。

例 7.2　银行转账事务 T,将 A 账户上的 100 元转入 B 账户,设账户余额为变量 V。假设事务 T 的更新操作细分为 8 个相关的步骤,对应操作在事务日志中记录的内容,如图 7.2 所示。

图 7.2 中第 1 步是事务的开始,在日志中写入<START T>记录;第 2 步为读操作,第 3 步为计算操作,因为它们都没有改变数据库内容,所以不必写入日志文件;第 4 步将新的余额写入 A 账户,所以在日志文件中添加一个记录<T,A,1000,900>,表示 A 账户被修改,其修改前的值是 1000,修改后的值是 900;第 5~7 步重复第 2~4 步,只是它们是对 B 的修改,在日志文件中添加一个记录<T,B,400,500>;第 8 步,事务 T 成功结束,将对事务 T 的所有

修改刷新到数据库中。

步骤	操作	日志记录
1	START TRANSACTION	<START T>
2	READ(A,V)	
3	V=V−100	
4	WRITE(A,V)	<T,A,1000,900>
5	READ(B,V)	
6	V=V+100	
7	WRITE(B,V)	<T,B,400,500>
8	COMMIT	<COMMIT T>

图 7.2　一个事务的操作和日志记录的内容

如果系统崩溃，查阅上述日志文件的记录，根据 A 和 B 的前像就可以将数据库恢复到事务 T 初始的一致状态，根据 A 和 B 的后像就可以将数据库恢复到事务 T 成功提交时的一致状态。这就是在数据库恢复中使用事务日志的原理。

事务日志中保存数据库恢复所必需的数据。在支持事务日志数据恢复的 DBMS 中，当创建数据库时，系统就会同步创建日志文件，用于记载数据库的更新历史。如果事务日志丢失了，则数据库将无法恢复。事务日志一般不能和数据库放在同一磁盘上，以免在磁盘损坏时，两者同时丢失。如果由于条件限制，事务日志和数据库不得不放在同一磁盘上，则应经常把事务日志复制到磁带上，以免在磁盘故障时"全军覆没"。有时，除在磁带上保留副本以外，还在磁盘上设置双副本甚至三副本。显然，记录数据库更新操作的事务日志也需要定期备份和维护，这将是 DBA 的一项重要的日常工作。

二、MySQL 的日志文件

日志文件是 MySQL 数据库的重要组成部分和特色。MySQL 运用日志文件记录了数据库运行中的各种状态信息，用于数据库故障恢复、数据库系统性能优化、主/从架构数据库的同步运行等任务，确保数据库的可靠性。

MySQL 有 7 种日志文件，见表 7.1。

表 7.1　MySQL 的 7 种日志文件

序　号	日 志 名 称	内容和用途
1	重做日志（redo log）	保存数据页最后一次提交时的一致性状态，最新值
2	回滚日志（undo log）	保存事务更新前的初始值，事务回滚的前像值（旧值）
3	二进制日志（binlog）	以"事件"的形式保存数据库改变的信息
4	错误日志（errorlog）	保存服务器启动、停止和运行中发生的错误
5	慢查询日志（slow query log）	保存执行超过指定时间的查询语句
6	一般查询日志（general log）	保存服务器接收到的所有查询或命令
7	中继日志（relay log）	在主/从架构中，复制主服务器中二进制日志到本地，称为中继日志

表 7.1 中重做日志、回滚日志和二进制日志文件与事务操作相关。MySQL 的重做日志与回滚日志的作用相当于上文的事务日志，并从提高数据库系统性能角度在技术上有所创新和改进，使重做日志数据恢复的功能和效率更高。其他几种日志各有其用，为了减少系统空间的开销，其他几种日志的默认状态是关闭，必要时可以随时开启。

用于数据库恢复的三种日志文件如下。

1. 重做日志文件

重做日志文件的存储格式是物理日志，存储事务对物理数据页修改后的新数据，可将数据库的物理数据页恢复到最后一次提交时的一致状态，确保事务的持久性。重做日志文件主要用于数据库故障恢复。

2. 回滚日志文件

回滚日志文件主要记录了数据的逻辑变化，比如一条 INSERT 语句对应一条 DELETE 语句，每条 UPDATE 语句对应一条相反的 UPDATE 语句。回滚日志文件用于事务故障恢复，将事务回滚到事务初始时的一致状态，确保事务的原子性。

3. 二进制日志文件

二进制日志文件以"事件"的形式保存引起或可能引起数据库改变的事件信息（不包括 SELECT 和 SHOW 之类的查询语句），其中包括事件的起始时间、结束时间、位置、更新操作等信息。虽然它不是事务日志，但是事务中所有引起数据库改变的操作都会以事件的方式记入二进制日志文件，且一个事务中可能有多个事件记入二进制日志文件。二进制日志文件用于数据库恢复和主从复制。

下面介绍二进制日志文件的相关操作命令。

1）查看二进制日志信息命令：

```
SHOW VARIABLES LIKE 'log_bin%';
```

在 MySQL 命令行窗口中输入上述命令，运行结果如图 7.3 所示。

```
mysql> SHOW VARIABLES LIKE 'log_bin%';
+---------------------------------+----------------------------------------------------------+
| Variable_name                   | Value                                                    |
+---------------------------------+----------------------------------------------------------+
| log_bin                         | ON                                                       |
| log_bin_basename                | C:\ProgramData\MySQL\MySQL Server 8.0\Data\ZYX2022-bin   |
| log_bin_index                   | C:\ProgramData\MySQL\MySQL Server 8.0\Data\ZYX2022-bin.index |
| log_bin_trust_function_creators | OFF                                                      |
| log_bin_use_v1_row_events       | OFF                                                      |
+---------------------------------+----------------------------------------------------------+
5 rows in set, 1 warning (0.00 sec)
```

图 7.3 查询二进制日志信息

由图 7.3 可知二进制日志文件的存储路径为 C：\ProgramData\MySQL\MySQL Server 8.0\Data，二进制日志文件名为 ZYX2022-bin，变量 log_bin＝ON 说明二进制日志已开启。

2）查看二进制日志文件命令：

```
SHOW BINARY logs;
```

在 MySQL 命令行窗口中输入上述命令，列出二进制日志文件名和大小。上述命令的运行结果如图 7.4 所示。

```
mysql> SHOW BINARY logs;
+---------------------+-----------+
| Log_name            | File_size |
+---------------------+-----------+
| ZYX2022-bin. 000019 |     23084 |
| ZYX2022-bin. 000020 |       180 |
| ZYX2022-bin. 000021 |     10104 |
| ZYX2022-bin. 000022 |     11260 |
| ZYX2022-bin. 000023 |      9280 |
| ZYX2022-bin. 000024 |       523 |
| ZYX2022-bin. 000025 |       523 |
| ZYX2022-bin. 000026 |     49697 |
8 rows in set (0.00 sec)
```

图 7.4　二进制日志文件列表

3）查看当前数据库 binary log（二进制日志文件）的位置和文件名。复制文件名和位置代码，可用于数据库的恢复。

> show master status;

在 MySQL 命令行窗口中输入的命令及其运行结果如图 7.5 所示。

```
mysql> show master status;
+---------------------+----------+--------------+------------------+-------------------+
| File                | Position | Binlog_Do_DB | Binlog_Ignore_DB | Executed_Gtid_Set |
+---------------------+----------+--------------+------------------+-------------------+
| ZYX2022-bin. 000026 |      157 |              |                  |                   |
+---------------------+----------+--------------+------------------+-------------------+
1 row in set (0.00 sec)
```

图 7.5　查询二进制日志文件位置

4）暂停和重启二进制日志命令：

> SET SQL_LOG_BIN=0; //暂停二进制日志
> SET SQL_LOG_BIN=1; //重启二进制日志

5）删除二进制日志命令：

> RESET MASTER;

该命令删除所有 index file 中记录的所有 binlog 文件，将日志索引文件清空，创建一个新的日志文件，这个命令通常仅用于主服务器复位或初始化。

在 MySQL 命令行窗口中输入上述命令，运行结果如图 7.6 所示。

6）刷新当前日志文件，生成新的日志文件，命令如下：

> flush logs;

flush logs 命令的功能是刷新当前二进制日志文件，开启新的二进制日志文件。该命令及其执行结果如例 7.3 中的图 7.11 所示。

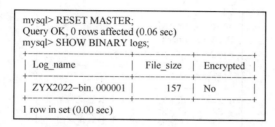

图 7.6　删除二进制日志文件

第四节　MySQL 的增量备份

MySQL 没有提供直接的增量备份方法，但是可以通过开启二进制日志（binlog）间接实现增量备份。二进制日志对备份的意义如下。

1）二进制日志保存了所有更新或者可能更新数据的操作。

2）二进制日志在启动 MySQL 服务器后开始记录，并在文件达到所设大小或者收到 flush logs 命令后重新创建新的日志文件。

3）只需定时执行 flush logs 重新创建新的日志，生成二进制文件序列，并及时把这些文件保存到一个安全的地方，即完成了一个时间段的增量备份。

4）在 MySQL 启动时，通过命令行或配置文件决定是否开启 binlog，系统变量 log_bin = ON 表示 binlog 为开启状态，能够进行增量备份；log_bin = OFF 表示 binlog 为关闭状态。如果要进行增量备份，则需要开启 binlog。

一、检查二进制日志是否开启

在 MySQL 命令行窗口输入查看变量 log_bin 的代码，运行结果如图 7.7 所示。

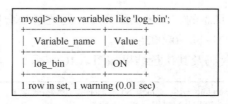

图 7.7　查询二进制日志是否处于开启状态

如图 7.7 所示，log_bin 的值为 ON，说明二进制日志已经开启。如果 log_bin 为 OFF，则表示未开启，需要将它设置为开启状态，方可进行增量备份。

二、增量备份

下面结合一个示例简要介绍 MySQL 增量备份的概念和方法。

例 7.3　在 school 数据库中创建学生表，已插入 4 行数据。模拟二进制日志进行增量备份的实验。

1）选择 school 数据库，查询学生表的数据，代码及其执行结果如图 7.8 所示。

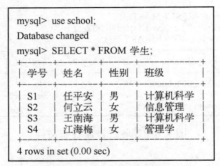

图 7.8 学生表的数据

2）查看二进制日志文件。

在 MySQL 命令行窗口输入下列显示二进制日志命令：

```
show binary logs;
```

该命令显示主服务器的二进制日志文件名、文件的大小和是否加密，如图 7.9 所示。

```
mysql> show binary logs;
+--------------------+-----------+-----------+
| Log_name           | File_size | Encrypted |
+--------------------+-----------+-----------+
| ZYX2022-bin.000019 |     23084 | No        |
| ZYX2022-bin.000020 |       180 | No        |
| ZYX2022-bin.000021 |     10104 | No        |
| ZYX2022-bin.000022 |     11260 | No        |
| ZYX2022-bin.000023 |      9280 | No        |
| ZYX2022-bin.000024 |       523 | No        |
| ZYX2022-bin.000025 |       157 | No        |
+--------------------+-----------+-----------+
7 rows in set (0.01 sec);
```

图 7.9 查看二进制日志文件

图 7.9 中显示了二进制日志的文件名及序列号，这些就是增量备份的文件，最后一个是当前二进制日志文件 ZYX2022-bin.000025。

3）插入一行新数据，代码及其执行结果如图 7.10 所示。

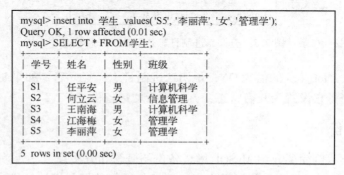

图 7.10 在学生表中插入一行新数据

4）执行 flush logs 命令。

在 MySQL 命令行窗口中输入下列命令：

flush logs；

flush logs 命令的功能是关闭当前日志文件（ZYX2022-bin.000025），开启新的日志文件（ZYX2022-bin.000026）。flush logs 命令及其执行结果如图 7.11 所示。

```
mysql> flush logs;
Query OK, 0 rows affected (0.06 sec)
mysql> show binary logs;
+---------------------+-----------+-----------+
| Log_name            | File_size | Encrypted |
+---------------------+-----------+-----------+
| ZYX2022-bin.000019  |     23084 | No        |
| ZYX2022-bin.000020  |       180 | No        |
| ZYX2022-bin.000021  |     10104 | No        |
| ZYX2022-bin.000022  |     11260 | No        |
| ZYX2022-bin.000023  |      9280 | No        |
| ZYX2022-bin.000024  |       523 | No        |
| ZYX2022-bin.000025  |       523 | No        |
| ZYX2022-bin.000026  |       157 | No        |
+---------------------+-----------+-----------+
8 rows in set (0.00 sec)
```

图 7.11　开启新的二进制日志文件

显然，二进制日志已经完成了一次增量备份，插入新行的操作已经记录到二进制日志文件 ZYX2022-bin.000025 中，开启新的二进制日志文件 ZYX2022-bin.000026。

在实际应用中，增量备份和二进制日志文件涉及很多知识点，这里只是介绍了一些基本概念，为深入学习奠定基础。

第五节　数据库的恢复

将数据库从某种故障状态恢复到正确状态的处理过程称为数据库恢复。数据库的可恢复性是事务持久性的重要保证。数据库的基本恢复方法有两种方式，一是简单恢复模型，只恢复后备副本；二是完全恢复模型，利用后备副本和事务日志恢复。下面介绍这两种方式的原理，以及 MySQL 实现这两种方式的操作方法。

一、简单恢复模型

简单恢复模型是以后备副本为基础的恢复方法。如图 7.12 所示，当数据库出现故障时，利用最近的后备副本（副本4）来恢复数据库。显然，这种恢复方法只能将数据库恢复到最近生成后备副本时刻（t_4）的一致状态，其后所发生的更新操作将丢失。这种恢复模型的优点是减少事务日志占用的存储空间，缺点是丢失最后一次转储至发生故障期间的所有数据库的更新操作，并且转储后备副本的周期愈长，丢失的数据更新也就愈多。只有不重要的小型数据库系统才采用这种恢复模型。

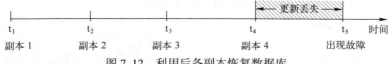

图 7.12　利用后备副本恢复数据库

二、使用 MySQL 命令恢复备份文件

使用 mysqldump 命令将数据库中的数据备份成一个文本文件。该文本文件包括 CREATE TABLE 和 INSERT 语句。当数据库恢复时，先执行 CREATE TABLE 语句创建表，再执行 IN-SERT 语句在表中插入数据，就可以还原数据库。在还原数据库备份时，需要创建同名数据库，将备份的数据导入新建的数据库。

MySQL 恢复数据的命令格式：

> mysql -u root -p database 数据库名 < 备份文件的路径和文件名

例如，用例 7.1 中备份文件恢复 school 数据库的命令格式：

> mysql -u root -p database school < C:\mytestdb\schoolback. sql

例 7.4 假设因操作失误而删除了数据库 school，利用例 7.1 中备份文件恢复 school 数据库。

操作步骤如下。

1）在命令提示符窗口（不是 MySQL 命令行窗口），输入创建同名数据库的命令：

> mysqladmin -u root -p create school

操作结果如图 7.13 所示。

```
C:\>mysqladmin -u root-p create school
Enter password: ******
```

图 7.13　创建同名数据库

2）在命令提示符窗口输入下列命令，导入备份文件的数据：

> mysql -u root -p   database   school < C:\mytestdb\schoolback. sql

操作结果如图 7.14 所示。

```
C:\>mysql -u root -p database school < C:\mytestdb\schoolback.sql
Enter password: ******
C:\>
```

图 7.14　利用备份文件恢复数据库

在上述输入密码（Enter password：******）操作正确执行后，若再次出现命令提示符，则说明数据库恢复完成，数据库 school 恢复到备份时刻的一致状态。

三、完全恢复模型

完全恢复模型是以后备副本和事务日志为基础的恢复方法。当数据库出现故障时，首先

利用后备副本将数据库恢复到转储时的一致状态，然后利用事务日志将数据库恢复到故障之前的一致状态。

当数据库发生故障时，有可能是一些事务对数据库的某些更新已经写入磁盘，而这些事务的另一些更新尚未写入磁盘。此时，事务的执行状态就不满足原子性，且数据库就可能处于不一致状态。DBMS 的恢复子系统将根据事务日志的记载重做（REDO）已提交的事务，撤销（UNDO）未提交的事务，确保事务的原子性，使数据库恢复到某个一致状态。这种恢复方法也称为 REDO/UNDO 恢复策略。

DBMS 的恢复子系统扫描事务日志，确定所有已提交和未提交事务，产生一个 REDO 队列和 UNDO 队列。将事务日志中既有<START T>记录又有<COMMIT T>记录的事务加入 REDO 队列；对于只有<START T>记录，而没有<COMMIT T>记录的事务，将它加入 UNDO 队列。基于这两个队列的恢复过程如下。

1）按照从前往后的顺序，重做（REDO）所有已提交的事务。将事务所更新的数据置为新值（后像）。

2）按照从后往前的顺序，撤销（UNDO）所有未提交的事务。将事务所更新的数据恢复到旧值（前像）。

例如银行转账事务 T 的操作序列，假设在该操作序列的不同点发生系统崩溃，相应的恢复策略有所不同。

1）假设系统崩溃发生在<COMMIT T>之后，则确认 T 为已提交事务。将 A 账户上的余额设置为 900（新值），B 账户上的余额设置为 500（新值）。

2）假设系统崩溃发生在<COMMIT T>之前，则确认 T 为未提交事务。将 A 账户上的余额设置为 1000（旧值），B 账户上的余额设置为 400（旧值）。

显然，这种恢复方法能够将数据库恢复到故障前的一致状态。只要日志文件不损坏，就没有丢失更新问题。这种恢复技术必须有事务日志的支持，它将占用较大的存储空间和需要系统维护日志文件的较大开销。但由于这种恢复模型能够使数据库得到完全的恢复，不丢失更新，因此这种恢复技术在数据库系统中应用最为广泛，绝大多数商品化的 DBMS 都支持这种恢复模型。

四、MySQL 使用二进制日志恢复数据库

MySQL 支持完全恢复模型，提供多种技术来确保数据库的一致性。下面列举一个简单的示例，说明 MySQL 使用二进制日志恢复数据库的方法。

例 7.5 模拟使用二进制日志恢复数据库实验。在 COMP_DB 数据库中，创建职工表，插入 1 条记录。然后，关闭二进制日志，删除职工表，最后使用二进制日志恢复被删除的表。

操作步骤如下。

1）在 COMP_DB 数据库中，创建职工表并插入一条记录。SQL 语句及其运行结果如图 7.15 所示。

2）查看二进制日志功能是否开启和当前二进制日志文件，命令格式：

```
show variables like 'log_bin';        //查询二进制日志是否开启
show binary logs;                      //查看当前二进制日志的文件名
show variables like 'log_bin%';       //查看二进制日志文件的路径
```

196

```
mysql> CREATE TABLE 职工
    -> (职工号 CHAR(5) PRIMARY KEY, 姓名 CHAR(10), 性别 CHAR(2),
    -> 出生年月 DATE, 职务 CHAR(10), 工资 DEC(8,2));
Query OK, 0 rows affected (0.02 sec)
mysql> IN SERT INTO 职工(职工号,姓名,性别,出生年月,职务,工资)
    -> VALUES('E1', '李树生', '男', '1981-3-12', '经理', 8800.00);
Query OK, 1 row affected (0.01 sec)
mysql> SELECT * FROM 职工;
+--------+--------+------+------------+------+---------+
| 职工号 | 姓名   | 性别 | 出生年月   | 职务 | 工资    |
+--------+--------+------+------------+------+---------+
| E1     | 李树生 | 男   | 1981-03-12 | 经理 | 8800.00 |
+--------+--------+------+------------+------+---------+
1 row in set (0.00 sec)
```

图 7.15   创建职工表并插入一行数据

在 MySQL 命令行窗口输入上述三个命令，运行结果分别如图 7.16~图 7.18 所示。

```
mysql> show variables like 'log_bin';
+---------------+-------+
| Variable_name | Value |
+---------------+-------+
| log_bin       | ON    |
+---------------+-------+
1 row in set, 1 warning (0.01 sec)
```

图 7.16   查询二进制日志是否处于开启状态

```
mysql> show binary logs;
+------------------+-----------+-----------+
| Log_name         | File_size | Encrypted |
+------------------+-----------+-----------+
| ZYX2022-bin.000001 |     776 | No        |
+------------------+-----------+-----------+
1 row in set (0.00 sec)
```

图 7.17   查询当前二进制日志文件名

```
mysql> SHOW VARIABLES LIKE 'log_bin%';
+-----------------------------------+-------------------------------------------------------------+
| Variable_name                     | Value                                                       |
+-----------------------------------+-------------------------------------------------------------+
| log_bin                           | On                                                          |
| log_bin_basename                  | C:\ProgramData\MySQL\MySQL Server 8.0\Data\ZYX2022-bin      |
| log_bin_index                     | C:\ProgramData\MySQL\MySQL Server 8.0\Data\ZYX2022-bin.index |
| log_bin_trust_function_creators   | OFF                                                         |
| log_bin_use_v1_row_events         | OFF                                                         |
+-----------------------------------+-------------------------------------------------------------+
5 rows  in set, 1 warning (0.00 sec)
```

图 7.18   查看二进制日志文件的路径

由图 7.16 可见，二进制日志处于开启状态（ON）。由图 7.17 可见，当前二进制日志的文件名为 ZYX2022-bin.000001。图 7.18 展示的是当前二进制日志文件的绝对路径。

3）先暂停 MySQL 的二进制日志功能，再删除职工表（模拟意外故障），查询职工表是否还存在。在 MySQL 命令行窗口输入的 3 条命令及其运行结果如图 7.19 所示。

```
mysql> SET SQL_LOG_BIN=0;
Query OK, 0 rows affected (0.00 sec)

mysql> DROP TABLE 职工;
Query OK, 0 rows affected (0.01 sec)

mysql> SELECT * FROM 职工;
ERROR 1146 (42S02): Table 'comp_db.职工' doesn't exist
```

图 7.19   模拟意外删除故障

由图 7. 19 可见，在二进制日志功能暂停状态下删除职工表，这个删除事件不会记录到日志文件中，但删除表操作是成功的。

4）开启二进制日志功能，准备用二进制日志文件恢复被删除的职工表。因为 mysqlbinlog 工具是一个应用程序，只能在操作系统下运行，所以需要先执行 quit 命令以退出 MySQL。

```
SET SQL_LOG_BIN=1;        //开启二进制日志功能
quit;                     //退出 MySQL
```

在 MySQL 命令行窗口输入上述两个命令，运行结果如图 7. 20 所示。

```
mysql> SET SQL_LOG_BIN=1;
Query OK, 0 rows affected (0.00 sec)
mysql> quit;
Bye
```

图 7. 20　开启二进制日志功能

5）使用 mysqlbinlog 工具恢复被删除的职工表及其数据。

在步骤 2）中已经查出二进制日志文件路径和文件名为 C：\ProgramData\MySQL\MySQL Server 8.0\Data\ZYX2022-bin. 000001，在命令提示符窗口（操作系统下）输入下列两条语句，第一条语句是将当前目录切换到日志文件所属目录，第二条语句是利用 mysqlbinlog 命令恢复数据库和重新登录 MySQL，运行结果如图 7. 21 所示。

```
C:\>CD C:\ProgramData\MySQL\MySQL Server 8.0\Data
C:\ProgramData\MySQL\MySQL Server 8.0\Data>mysqlbinlog ZYX2022-bin.000001
|mysql -u root -pqazwsx
mysql:[Warning] Using a password on the command line interface can be insecure.
```

图 7. 21　利用恢复工具 mysqlbinlog 恢复数据库

注意：在图 7. 21 的第 4 行中，系统提示在命令行中显示密码不安全。

6）登录 MySQL 系统，打开 COMP_DB 数据库，查看职工表是否已经恢复。

在 MySQL 命令行窗口输入的 SQL 语句及其执行结果如图 7. 22 所示。

```
mysql> USE COMP_DB;
Database changed
mysql> SELECT * FROM 职工;
+-------+--------+--------+------------+--------+---------+
| 职工号 | 姓名   | 性别   | 出生年月    | 职务   | 工资    |
+-------+--------+--------+------------+--------+---------+
| E1    | 李树生 | 男     | 1981-03-12 | 经理   | 8800.00 |
+-------+--------+--------+------------+--------+---------+
1 row in set (0.00 sec)
```

图 7. 22　查看恢复的结果

由执行结果可见，使用二进制日志已经恢复了 COMP_DB 数据库中的职工表。这里只是介绍了一个极其简单的示例。在实际的 DBMS 中，数据备份与恢复的功能更强，实现方法也会更复杂。这里只是从备份与恢复的基本原理出发，讨论备份与恢复的基本原理和基本方法。更多相关知识请参考产品说明书和其他专业书籍。

本 章 小 结

本章介绍数据库的备份和恢复的基本概念及在 MySQL 系统中的实现。

数据库备份的方式有物理备份和逻辑备份。逻辑备份主要有完全备份和增量备份两种方式，完全备份是备份整个数据库，包含所有数据库对象；增量备份只备份从上次完全备份或者增量备份之后被修改的内容。备份的方法有多种，其中 mysqldump 是 MySQL 自带的逻辑备份工具，可以将数据库中的数据备份成一个文本文件，其工作原理是在文本文件中生成一个创建表的 CREATE TABLE 语句，将表中所有数据转换成 INSERT 语句。当数据库恢复时，先执行 CREATE TABLE 语句创建表，再执行 INSERT 语句在表中插入数据以还原数据库。本章以示例形式介绍了 mysqldump 的备份方法。

事务日志是数据库恢复的重要概念。本章介绍了事务日志的基本概念及其在数据库恢复中的作用，然后，介绍了 MySQL 的日志文件，重点介绍了用于数据库恢复的二进制日志文件及其使用方法。

数据库恢复的主要方式是先应用完全备份文件将数据库恢复到备份时的一致状态，再用事务日志将数据库恢复到故障之前的一致状态。本章以示例方式介绍了 mysqldump 备份文件和二进制日志实现数据库故障恢复的基本原理与基本方法。

习　　题

一、单项选择题

1. 事务使数据库从一个一致状态转变到另一个一致状态的性质称为事务的　　　　【　　】
   A. 原子性　　　　　　B. 隔离性　　　　　C. 一致性　　　　　D. 持久性
2. 数据库系统的恢复子系统实现事务的　　　　　　　　　　　　　　　　　　　【　　】
   A. 原子性　　　　　　B. 隔离性　　　　　C. 一致性　　　　　D. 持久性
3. 事务日志用于数据库的　　　　　　　　　　　　　　　　　　　　　　　　　【　　】
   A. 安全　　　　　　　　　　　　　　　B. 恢复
   C. 审计　　　　　　　　　　　　　　　D. 跟踪
4. 完全恢复模型使用的数据恢复文件是　　　　　　　　　　　　　　　　　　　【　　】
   A. 后备副本　　　　　　　　　　　　　B. 事务日志
   C. 后备副本与事务日志　　　　　　　　D. 代码文件
5. MySQL 的二进制日志文件保存引起数据库改变的　　　　　　　　　　　　　【　　】
   A. 事务　　　　　　　　　　　　　　　B. 事件
   C. 记录　　　　　　　　　　　　　　　D. 代码

二、简答题

1. MySQL 有几种日志文件？
2. 分析 UNDO 和 REDO 操作的作用。
3. 在数据库系统中，可能会遇到哪几种类型的故障？分析这些故障对数据库的破坏作用。

4. 简述数据库故障恢复的基本方法。

5. 简述 MySQL 用 mysqldump 命令进行数据备份的基本方法。

6. 简述 MySQL 恢复数据备份文件的基本方法。

7. 简述 MySQL 用二进制日志实现增量备份的基本原理。

8. 简述 MySQL 用二进制日志恢复数据的基本方法。

三、上机实验四

1. 为了深入理解本章介绍的基本概念，将本章的所有例题上机做一遍。为了提高学习效率，可以直接复制源代码并粘贴到命令行中，观察语句功能和执行结果。

2. 体验 MySQL 数据备份的实现方法。创建一个数据库，在数据库中创建一个表，并在表中插入几行数据。然后，用 mysqldump 命令备份数据库到一个文件中（参考例 7.1）。

3. 体验 MySQL 用二进制日志实现增量备份的基本方法（参考例 7.3）。

4. 体验用 MySQL 的命令恢复数据备份文件（参考例 7.4）。

5. 体验 MySQL 用二进制日志恢复数据库的基本方法（参考例 7.5）。

第八章 安全性管理

学习目标：

1. 本章介绍数据库安全性管理的基本理论、原理和实现技术，以 MySQL 为例讲解数据库服务器通过权限表控制用户对数据库访问的基本概念。

2. 了解几个权限表的结构，理解 DBMS 对登录用户进行控制的方式。了解用户权限分级管理的体系和角色的概念，掌握授权与回收权限的操作方法。

3. 要求熟练掌握创建和撤销用户、角色，以及授权和收回权限的 SQL 语句，深入了解数据库系统是如何实现数据安全性控制的。

建议学时： 4 学时。

教师导读：

1. 学习本章的内容将会进一步领会数据库系统运行的基本原理。数据库系统安全性管理方法类似于保密单位的出入管理方法，进入的人员都有身份证件、职位、职责和涉密级别。数据库系统安全性控制也有类似的管理思路，涉及用户注册、权限级别、授予操作数据库的权限等。

2. 本章在讲授概念和方法时，列举了 MySQL 数据库系统操作示例，读者可以将这些示例上机演示，加深对理论和操作技术的理解。要求完成上机实验五。

数据库安全涉及的问题非常多，如防火、防盗、防掉电、防破坏等都属于安全问题。数据库安全性主要是指保护数据库，防止不合法的使用，以避免数据的泄露、非法更改和破坏。本章主要讨论在计算机系统中保证数据库安全的相关技术问题。DBMS 建立在操作系统之上，安全的操作系统是数据库安全运行的前提。操作系统必须能够保证所有用户经由 DBMS 访问数据库，不允许用户跨越 DBMS 而直接访问数据库。操作系统安全性管理将在其他课程中讲授。本章将重点介绍 DBMS 中常见的安全性管理措施。

第一节 MySQL 的权限控制体系

权限管理是所有数据库系统在安全性管理上都会涉及的一个重要方面。权限管理的主要目的是对不同的人访问资源的权限进行控制，避免因权限控制缺失或操作不当而引发的风险问题，如操作错误、隐私数据泄露等问题。MySQL 将操纵数据库资源的权限划分为 5 个级别，见表 8.1。

表 8.1 MySQL 的权限级别划分

顺序	级　别	权限范围	说　　明
1	Global Level	对整个 MySQL 数据库服务器的全局权限	DBA 特权
2	Database Level	数据库级别的权限	数据库特权
3	Table Level	表级别的权限	操作数据表权限

（续）

顺序	级　　别	权 限 范 围	说　　明
4	Column Level	表中某一列的权限	操作表中的某些列的权限
5	Routine Level	针对函数、触发器和存储过程的权限	使用函数、触发器和存储过程权限

访问控制是对用户访问数据库各种资源（如表、视图、系统目录、实用程序等）的权限（包括创建、查询、修改、删除、执行等）的控制。也就是说，用户必须获得对数据库对象（如表、视图等）的操作权限，才能在规定的权限之内操作数据库。按照用户权限范围的大小，一般可将用户划分为三类。

一、具有 DBA 特权的数据库用户

DBA 拥有支配整个数据库资源的所有特权，其中主要包括：

1）访问数据库的任何数据。
2）数据库的调整、重构和重组。
3）注册用户，授予和回收数据库用户访问数据对象的权限。
4）控制整个数据库的运行和跟踪审查。
5）数据库备份和恢复等。

二、具有支配数据库资源特权的数据库用户

这类用户是数据库、表、视图等数据对象的创建者，常称为"具有 RESOURCE 特权的用户"，拥有这些数据对象上的所有操作和控制的权限，其中主要包括：

1）创建表、索引和聚簇。
2）可以授予或回收其他用户对其所创建的数据对象的所有访问权限。
3）可以对其所创建的数据对象跟踪审查。

三、一般数据库用户

这类用户可以连接数据库，也称为"具有 CONNECT 特权的用户"。这类用户的权限主要包括：

1）能够按照所获得的权限查询或更新数据库中的数据。
2）可以创建视图或定义数据的别名等。

上述三类用户的权限范围是一种涵盖关系。DBA 除具有下面两类用户的权限以外，还包括注册、授权等多种特权；具有支配数据库资源特权的数据库用户除具有一般数据库用户的权限以外，还拥有管理所拥有数据库资源的所有权限，包括授予和回收其他用户访问其资源的权限。

第二节　权　限　表

MySQL 是一个多用户数据库，具有强大的访问控制系统，实施数据库的安全控制。每一个访问数据库的用户必须经过注册成为合法账户、授予指定范围的权限才可以进行数据库

操作。用户的注册信息（如用户名、IP 地址或主机名、密码等）以及对数据库资源的访问权限都存放在权限表中。MySQL 服务器通过这些权限表控制用户对数据库的访问，权限表是数据库系统安全控制的关键。

权限表存放在 MySQL 数据库中，其中比较重要的权限表是 user 表和 db 表，除此之外，还有 tables_priv 表、columns_priv 表和 procs_priv 表。下面简要介绍各权限表的内容，查看这些权限表的结构就可以理解 MySQL 安全控制的基本原理。

一、user 表

user 表是 MySQL 安全控制最重要的一个权限表，存储所有登录账户的信息，一共有 49 个字段，这些字段可以分为 4 类，分别是范围列、权限列、安全列和资源控制列。下面简要说明这 4 类字段的含义。

1）范围列包括 Host 和 User，分别表示主机名和用户名，Host 指明允许访问的 IP 地址或主机范围，User 指明允许访问的用户名，Host 和 User 为 user 表的联合主键。

2）权限列的字段决定用户的权限，指出用户在全局范围内具有的各种权限。这些字段的类型为 ENUM，可以取的值只能是 Y 和 N，Y 表示该用户具有对应的权限，N 表示没有对应的权限，N 为默认值。可以使用 GRANT（授权）和 UPDATE（修改权限表字段值）语句更改权限值。

3）安全列指定用户标识和密码等身份验证信息，如果这些字段为空，则服务器将会向错误日志写入信息，禁止该用户访问。

4）资源控制列的字段用于限制用户使用资源，如每小时查询、更新、连接等操作次数限制。可以使用 GRANT 更新这些字段的值。

使用 DESC 语句查看 user 表的字段定义，如图 8.1 所示，由于表的内容比较多，图中只截取部分内容，读者可以上机查看完整的表结构。user 表的权限范围是全局的，包括服务器上的所有权限。详细内容请查阅相关手册和 MySQL 帮助系统。

二、db 表

db 表也是 MySQL 数据库安全控制重要的权限表，表中存放用户对某个数据库的操作权限。db 表中的字段大致分为两类，分别是用户列和权限列。使用 DESC 语句查看 db 表的结构，如图 8.2 所示（图中省略了部分内容）。从表的字段可以看出，db 表的主键是 Host（主机名）、Db（数据库名）和 User（用户名）3 个字段的组合，其他字段是对数据库的各种操作的权限等。db 表中的字段设置与 user 表类似，只是其作用范围限于某个数据库。

三、tables_priv 表

tables_priv 表用于对表设置操作权限，使用 DESC 语句"DESC mysql. tables_priv；"可查看 tables_priv 表的结构，如图 8.3 所示（图中省略了部分内容）。因为 Table_priv 字段的类型设置过长，所以调整了原表的格式。

四、columns_priv 表

columns_priv 表用于对表中某一列设置操作权限。使用 DESC 语句查看 columns_priv 表的字段定义，主键由 5 个字段联合组成，特指表中某一列上设置的权限。

```
mysql> DESC mysql.user;
+-----------------------+-----------------+------+-----+---------+-------+
| Field                 | Type            | Null | Key | Default | Extra |
+-----------------------+-----------------+------+-----+---------+-------+
| Host                  | char (255)      | NO   | PRI |         |       |
| User                  | char (32)       | NO   | PRI |         |       |
| Select_priv           | enum ('N', 'Y') | NO   |     | N       |       |
| Insert_priv           | enum ('N', 'Y') | NO   |     | N       |       |
| Update_priv           | enum ('N', 'Y') | NO   |     | N       |       |
| Delete_priv           | enum ('N', 'Y') | NO   |     | N       |       |
| Create_priv           | enum ('N', 'Y') | NO   |     | N       |       |
| Drop_priv             | enum ('N', 'Y') | NO   |     | N       |       |
| Reload_priv           | enum ('N', 'Y') | NO   |     | N       |       |
| Shutdown_priv         | enum ('N', 'Y') | NO   |     | N       |       |
| Process_priv          | enum ('N', 'Y') | NO   |     | N       |       |
| File_priv             | enum ('N', 'Y') | NO   |     | N       |       |
| Grant_priv            | enum ('N', 'Y') | NO   |     | N       |       |
| References_priv       | enum ('N', 'Y') | NO   |     | N       |       |
| Index_priv            | enum ('N', 'Y') | NO   |     | N       |       |
| Alter_priv            | enum ('N', 'Y') | NO   |     | N       |       |
| Show_db_priv          | enum ('N', 'Y') | NO   |     | N       |       |
| Super_priv            | enum ('N', 'Y') | NO   |     | N       |       |
| Create_tmp_table_priv | enum ('N', 'Y') | NO   |     | N       |       |
| Lock_tables_priv      | enum ('N', 'Y') | NO   |     | N       |       |
| Execute_priv          | enum ('N', 'Y') | NO   |     | N       |       |
| Repl_slave_priv       | enum ('N', 'Y') | NO   |     | N       |       |
| Repl_client_priv      | enum ('N', 'Y') | NO   |     | N       |       |
| Create_view_priv      | enum ('N', 'Y') | NO   |     | N       |       |
+-----------------------+-----------------+------+-----+---------+-------+
```

图 8.1   查看 user 表的字段定义

```
mysql> DESC mysql.db;
+-----------------------+-----------------+------+-----+---------+-------+
| Field                 | Type            | Null | Key | Default | Extra |
+-----------------------+-----------------+------+-----+---------+-------+
| Host                  | char (255)      | NO   | PRI |         |       |
| Db                    | char (64)       | NO   | PRI |         |       |
| User                  | char (32)       | NO   | PRI |         |       |
| Select_priv           | enum ('N', 'Y') | NO   |     | N       |       |
| Insert_priv           | enum ('N', 'Y') | NO   |     | N       |       |
| Update_priv           | enum ('N', 'Y') | NO   |     | N       |       |
| Delete_priv           | enum ('N', 'Y') | NO   |     | N       |       |
| Create_priv           | enum ('N', 'Y') | NO   |     | N       |       |
| Drop_priv             | enum ('N', 'Y') | NO   |     | N       |       |
| Grant_priv            | enum ('N', 'Y') | NO   |     | N       |       |
| References_priv       | enum ('N', 'Y') | NO   |     | N       |       |
| Index_priv            | enum ('N', 'Y') | NO   |     | N       |       |
| Alter_priv            | enum ('N', 'Y') | NO   |     | N       |       |
| Create_tmp_table_priv | enum ('N', 'Y') | NO   |     | N       |       |
| Lock_tables_priv      | enum ('N', 'Y') | NO   |     | N       |       |
+-----------------------+-----------------+------+-----+---------+-------+
```

图 8.2   查看 db 表的字段定义

Field	Type	Null	Key
Host	char(255)	NO	PRI
Db	char(64)	NO	PRI
User	char(32)	NO	PRI
Table_name	char(64)	NO	PRI
Grantor	varchar(288)	NO	MUL
Timestamp	timestamp	NO	
Table_priv	set('Select','Insert','Update','Delete','Create','Drop', 'Grant', 'References','Index','Alter','CreateView','ShowView','Trigger')	NO	
Column_priv	set('Select','Insert','Update','References')	NO	

图 8.3　查看 tables_priv 表的字段定义

在 MySQL 命令行窗口输入的语句及其执行结果如图 8.4 所示。

```
mysql>DESC mysql.columns_priv;
+-------------+----------------------------------------------+------+-----+
| Field       | Type                                         | Null | Key |
+-------------+----------------------------------------------+------+-----+
| Host        | char (255)                                   | NO   | PRI |
| Db          | char (64)                                    | NO   | PRI |
| User        | char (32)                                    | NO   | PRI |
| Table_name  | char (64)                                    | NO   | PRI |
| Column_name | char (64)                                    | NO   | PRI |
| Timestamp   | timestamp                                    | NO   |     |
| Column_priv | set ('Select', 'Insert', 'Update', 'References') | NO |     |
+-------------+----------------------------------------------+------+-----+
```

图 8.4　查看 columns_priv 表的字段定义

五、procs_priv 表

procs_priv 表用于保存对某个存储过程或存储函数设置的操作权限。该表的结构如图 8.5 所示。注意：主键由 5 个字段联合组成。

在 MySQL 命令行窗口输入的语句及其执行结果如图 8.5 所示。

```
mysql>DESC mysql.procs_priv;
+--------------+-------------------------------------------+------+-----+---------+--------+
| Field        | Type                                      | Null | Key | Default | Extra  |
+--------------+-------------------------------------------+------+-----+---------+--------+
| Host         | char (255)                                | NO   | PRI | 主机名  |        |
| Db           | char (64)                                 | NO   | PRI |         | 数据库名 |
| User         | char (32)                                 | NO   | PRI |         | 用户名  |
| Routine_name | char (64)                                 | NO   | PRI |         | 过程名  |
| Routine_type | enum ('FUNCTION', 'PROCEDURE')            | NO   | PRI | 过程类型 |       |
| Grantor      | varchar (288)                             | NO   | MUL |         |        |
| Proc_priv    | set ('Execute', 'AlterRoutine', 'Grant')  | NO   |     |         |        |
| Timestamp    | timestamp                                 | NO   |     |         |        |
+--------------+-------------------------------------------+------+-----+---------+--------+
```

图 8.5　查看 procs_priv 表的字段定义

MySQL 权限管理系统通过下列两个阶段进行认证。

1）对连接的用户进行身份认证，合法的用户通过认证，不合法的用户拒绝连接。

2）对通过认证的合法用户赋予相应的权限，用户可以在拥有的权限范围内对数据库进

行相应的操作。

　　MySQL 对用户身份认证的依据是 IP 地址（主机名）和用户名，例如 MySQL 安装默认创建的用户名为 root@ localhost，表示用户名是 root，主机名是 localhost，即这个用户只能从本地主机（localhost）连接（登录）才可以通过认证，从其他任何主机连接数据库都将被拒绝。也就是说，同样的一个用户名，如果来自不同的 IP 地址，则 MySQL 将其视为不同的用户。

　　MySQL 的权限表在数据库启动后就载入内存，用户通过身份认证后，按照权限表中规定的权限范围和获得的权限来操作数据库。

第三节　账 户 管 理

　　账户管理是 MySQL 数据库的安全性管理的重要方面，其主要内容是对上述权限表的操作。MySQL 提供多个账户管理的语句，如创建用户、删除用户、密码管理和权限管理。

一、创建新用户

　　MySQL 8 之后的版本创建新用户的 SQL 语句的基本格式：

> CREATE USER 用户名 IDENTIFIED BY '密码'［WITH 资源限制］；

　　其中，用户名由用户名与主机名（或 IP 地址）组成；IDENTIFIED BY 用于设置密码；资源限制是可选项，规定用户每小时执行查询次数之类的约束。强调一下，只有以管理员身份登录，才有创建用户的权限，否则会被拒绝创建。

　　例 8.1　创建一个名为 jean 的新用户，主机名为 localhost（本地主机），密码是 123456。

1）创建新用户 jean 的语句及其执行结果如图 8.6 所示。

```
mysql> CREATE USER 'jean'@'localhost' IDENTIFIED BY '123456';
Query OK, 0 rows affected (0.01 sec)
```

图 8.6　创建新用户的语句及执行结果

2）查看 user 表中所有用户名，如图 8.7 所示。

```
mysql> SELECT user,host FROM mysql.user;
+-------------------+-----------+
| user              | host      |
+-------------------+-----------+
| jean              | localhost |
| mysql. infoschema | localhost |
| mysql. session    | localhost |
| mysql. sys        | localhost |
| root              | localhost |
+-------------------+-----------+
```

图 8.7　查看 user 表中所有用户名

二、删除普通用户

删除普通用户的语句有两种:

> DROP USER '用户名'[,'用户名'...];
> DELETE FROM mysql. user WHERE host ='主机名' AND User ='用户名';

例 8.2 删除用户 jean 的语句及其执行结果如图 8.8 所示。

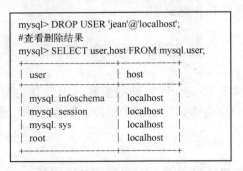

```
mysql> DROP USER 'jean'@'localhost';
#查看删除结果
mysql> SELECT user,host FROM mysql.user;
+-------------------+-------------+
| user              | host        |
+-------------------+-------------+
| mysql. infoschema | localhost   |
| mysql. session    | localhost   |
| mysql. sys        | localhost   |
| root              | localhost   |
+-------------------+-------------+
```

图 8.8　删除 jean 用户的语句及执行结果

三、修改密码

MySQL 有多种修改账户密码的方法,这里列举几种常用的方法。

1) 使用 ALTER USER 命令修改 root 账户密码,利用 user( ) 函数返回当前连接 MySQL 的用户名和主机名,执行结果如图 8.9 所示。

```
mysql> ALTER USER user() IDENTIFIED BY 'qazwsx';
Query OK, 0 rows affected (0.01 sec)
```

图 8.9　使用 ALTER USER 命令修改 root 账户密码

2) 使用 SET 命令修改 root 账户密码,执行结果如图 8.10 所示。

```
mysql> SET PASSWORD='123456';
Query OK, 0 rows affected (0.01 sec)
```

图 8.10　使用 SET 命令修改 root 账户密码

3) root 账户使用 ALTER USER 命令修改普通账户 jean 的密码,相关语句及其执行结果如图 8.11 所示。

```
mysql> ALTER USER 'jean'@'localhost' IDENTIFIED BY 'abcdef';
Query OK, 0 rows affected (0.01 sec)
mysql> SET PASSWORD FOR 'jean'@'localhost'='654321';
Query OK, 0 rows affected (0.01 sec)
```

图 8.11　修改普通账户 jean 的密码

4）普通账户在登录之后，也可以按上述第 1、2 种方法修改密码，因为普通账户拥有对自己账户密码的修改权限。

验证密码修改结果的方法是先执行 exit 命令退出当前账户，再使用新密码重新登录。

```
#执行 exit 命令退出登录，重新用新密码登录，验证密码修改成功与否
mysql>exit；  //退出后显示输入密码重新登录的提示
```

第四节　授权与回收权限

当成功创建用户的账户后，还不能执行任何操作，需要为该用户分配适当的访问权限。授权就是为某个用户或角色赋予某些权限，规定用户访问数据库的范围和操作限制。

一、授权与被授权的层次关系

在数据库系统中，授权与被授权的层次关系如图 8.12 所示。DBA 可以授权给 DB（数据库）特权用户和一般用户，也可以将其权限转授给新的 DBA（用带有箭头的弧线表示）；DB 特权用户可以将其权限授予新的 DB 一般用户，也可以将其权限转授给新的 DB 特权用户；如果 DB 一般用户具有转授的权力，则可以将其权限再转授给新的 DB 一般用户。由此，一个数据库系统中就形成了对各级用户不同访问权限的严格控制机制。

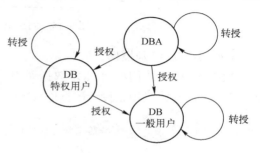

图 8.12　授权与被授权的层次关系

那么，最初的 DBA 又是怎么产生的呢？在安装 DBMS 软件时，系统会默认生成一个 DBA 账户，作为第一个 DBA 用户。例如，MySQL 默认生成的第一个 DBA 账户是 root，root 具有 DBA 的全部权限，且不能删除，安装程序不指定 root 的密码。当安装完毕后第一次使用 root 登录系统时，为了防止其他用户使用 root 权限，应更改 root 的密码。

二、MySQL 的授权语句

在 MySQL 中，使用 GRANT 和 REVOKE 语句授予或撤销用户及角色的权限。使用这两个语句必须具有相应的权限。先查看当前用户是否有 GRANT 的权限，user( ) 函数返回当前账户名称。

例 8.3　查询当前登录账户名称，语句的执行结果如图 8.13 所示，当前账户是 root，再查询 root 的权限，如图 8.14 所示，root 账户有超级 DBA 权限，因此具有授予权限。

1. 第一种授权格式

使用 ALL 关键字对全局、数据库和表级用户授予全部权限。

（1）全局级别授权

全局权限适用于一个给定服务器中的所有数据库，这些权限存储在 mysql. user 表中。下列 GRANT 语句格式用于授予全局权限。

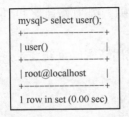

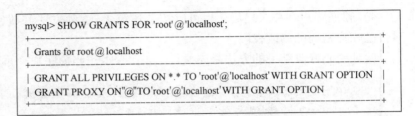

图 8.13 查询当前登录　　　　　　　　　　图 8.14 查询 root 账户的权限
　　　　　账户名称

> GRANT ALL ON *.* TO 用户名；

例 8.4　创建一个新账户 testuser1，并将 DBA 全局权限授予这个新账户，执行结果如图 8.15 所示。

> mysql> CREATE USER 'testuser1'@'localhost';
> mysql> GRANT ALL ON *.* TO 'testuser1'@'localhost';

图 8.15　创建用户并授予 DBA 全局权限

（2）数据库级别授权

数据库权限适用于一个给定数据库中的所有对象，这些权限存储在 mysql.db 表中。下列 GRANT 语句格式用于授予数据库权限。

> GRANT ALL ON 数据库名 .* TO 用户名；

例 8.5　创建一个新账户 testuser2，并将数据库权限授予该账户，执行结果如图 8.16 所示。

> mysql> CREATE USER 'testuser2'@'localhost';
> mysql> GRANT ALL ON school.* TO 'testuser2'@'localhost';

图 8.16　授予数据库级别所有权限

（3）表级别授权

表权限适用于一个给定数据库中的所有列，这些权限存储在 mysql.tables_priv 表中。下列 GRANT 语句格式用于授予表权限。

> GRANT ALL ON 数据库名 .表名 TO 用户名；

例 8.6　授予用户 jean 在 TEST_DB 数据库的客户表上的所有权限，执行结果如图 8.17 所示。

> mysql> GRANT ALL ON test_db.客户 TO 'jean'@'localhost';
> Query OK, 0 rows affected (0.00 sec)

图 8.17　授予表级别所有权限

例 8.7 查看用户 jean 获得的所有权限。因为用户 jean 被授予表级别的权限，所以查询表级权限表 mysql. tables_priv，运行结果如图 8.18 所示。

```
mysql> select * from mysql.tables_priv where user='jean' \G;
*********************** 1. row ***********************
      Host: localhost
        Db: test_db
      User: jean
Table_name: 客户
   Grantor: root@localhost
 Timestamp: 2023-03-08 15:42:08
Table_priv: Select,Insert,Update,Delete,Create,Drop,References,
Index,Alter,CreateView,Showview,Trigger
Column_priv:
1 row in set (0.00 sec)
```

图 8.18　查询用户获得的表级权限

2. 第二种授权格式

DBA 或数据库特权用户（数据库的创建者）授予其他用户对数据库对象的操作权限。授权语句的基本格式：

> GRANT 权限 ON 数据库对象 TO 用户或角色［WITH GRANT OPTION］;

说明：

1）"权限"是相应对象任何有效权限的组合，使用关键字 ALL 表示所有可能的权限。

2）"数据库对象"可以是一个表、视图、表或视图的列或存储过程。

3）"用户或角色"是被授权的用户或角色名称。

4）WITH GRANT OPTION 短语表示获得权限的用户还能将权限转授给其他用户。

例 8.8 授予用户 jean 执行存储过程 PROA 的权限，执行结果如图 8.19 所示。

```
mysql> GRANT Execute ON PROCEDURE 'PROA' TO 'jean'@'localhost';
Query OK, 0 rows affected (0.07 sec)
```

图 8.19　授予用户执行存储过程的权限

三、MySQL 的收回权限语句

REVOKE 是 GRANT 的相反操作，用于收回 GRANT 授予的权限。对应上述 GRANT 语句的两种格式，REVOKE 也有两种格式。

1）使用 ALL 关键字对全局、数据库和表级用户授予全部权限。

> REVOKE ALL ON ∗.∗ FROM 用户名;
> REVOKE ALL ON 数据库名.∗ FROM 用户名;
> REVOKE ALL ON 数据库名.表名 FROM 用户名;

2）DBA 或数据库特权用户（数据库的创建者）撤销其他用户对数据库对象的操作权

限。REVOKE 语句的基本格式：

> REVOKE 权限 ON 数据库对象 FROM 用户名；

例 8.9 创建一个用户 sno01，验证用户初始权限，授权并查看获得的权限，收回权限并查询收回权限的状况。实验过程如图 8.20 所示，其中 sno01 获得两项权限，权限分两次收回，用这种方法可以收回用户的部分权限。

MySQL 中实际操作语句和执行结果	说明
mysql> CREATE USER 'sno01'@'%'; mysql> ALTER USER 'sno01'@'%' identified by '202303';	创建用户 sno01，修改 sno01 的密码
mysql> SHOW GRANTS FOR 'sno01'@'%'; +-------------------------------------+ |Grants for sno01@% | +-------------------------------------+ |GRANT USAGE ON *.* TO 'sno01'@'%' | +-------------------------------------+	查询 sno01 的权限，因为它是新建用户，所以没有任何权限。USAGE 表示没有任何权限
mysql> GRANT SELECT ON school.SC to ' sno01'@'%' with grant option;	授予 sno01 权限
mysql> SHOW GRANTS FOR 'sno01'@'%'; +--+ | Grants for sno01@% | +--+ | GRANT USAGE ON *.* TO 'sno01'@'%' | | GRANT SELECT ON 'school'.'sc' TO 'sno01'@'%' WITH GRANT OPTION |	查询 sno01 的权限，此时增加在 SC 表上的查询（SELECT）权限和转授权限（WITH GRANT OPTION）
mysql>REVOKE GRANT OPTION ON school.sc from 'sno01'@'%';	收回转授权限
mysql> SHOW GRANTS FOR 'sno01'@'%'; +--+ |Grants for sno01@% | +--+ |GRANT USAGE ON *.* TO 'sno01'@'%' | |GRANT SELECT ON 'school'.'sc' TO 'sno01'@'%' |	在收回转授权限后，权限中仍保留SC表的查询权限
mysql> REVOKE SELECT ON school.sc from 'sno01'@'%';	收回 SC 表的查询权限
mysql> SHOW GRANTS FOR 'sno01'@'%'; +------------------------------------+ | Grants for sno01@% | +------------------------------------+ | GRANT USAGE ON *.* TO 'sno01'@'%' |	查询 sno01 的权限，此时之前授予的权限全部收回，回到最初没有任何权限的状态

图 8.20 收回权限

第五节 角　　色

在一个单位中，很多人干同样的事情，应该授予他们同样的权限。如果一个个地授权，则不胜其烦。在这种情况下，可以为每一类人定义一个角色，例如，在学校中定义教师角色、学生角色等。对每一类角色分别授予特定的权限。如果某人需要担任某种角色，则只要说明他是何种角色，就拥有这个角色的所有权限。若希望某人不再担任这个角色，则只要撤销他的角色，就收回了他所有的权限。赋予角色的方法可以避免对多个具有相同权限的用户授权和收回权限的烦琐操作。在 MySQL 中，必须拥有 GRANT OPTION 权限的用户才能通过执行 GRANT 和 REVOKE 语句授予和回收权限。

角色是在 MySQL 8.0 中引入的新功能。在 MySQL 中，角色是权限的集合，可以对角色授予或收回权限。用户可以被赋予角色，同时也拥有角色持有的权限。引入角色的目的是方便管理拥有相同权限的用户。

一、创建新角色

SQL 语句格式：

```
CREATE ROLE role_name;
```

说明：role_name 为角色名，角色命名的方法与用户名相同，即角色名与主机名组合，主机名默认为%。在创建角色时，角色没有任何权限，需要授予它权限，并激活该角色。

例 8.10　创建 students 角色和 teachers 角色，执行结果如图 8.21 所示。

```
mysql> CREATE ROLE 'students'@'localhost','teachers'@'localhost';
Query OK, 0 rows affected (0.01 sec)
```

图 8.21　创建两个角色

二、给角色授予权限

创建的新角色是没有任何权限的，需要给角色授权。给角色授权的语法格式：

```
GRANT 权限 ON 表名 TO 'role_name'[ @ 'host_name'] ;
```

例 8.11　授予角色 teachers 查询、插入、更新 SC 表（成绩表）和转授权限，授予角色 students 查询 SC 表的权限，执行结果如图 8.22 所示。

```
mysql> GRANT SELECT,INSERT,UPDATE ON school.SC TO 'teachers'@'localhost'
    -> WITH GRANT OPTION;
mysql> GRANT SELECTON school.SC TO 'students'@'localhost';
```

图 8.22　为角色授权

三、查看角色的权限

查看角色权限的 SQL 语句格式：

```
SHOW GRANTS FOR '角色名';
```

例 8.12　查看角色 teachers 拥有的权限。在 MySQL 命令行窗口输入的语句及其执行结果如图 8.23 所示。

```
mysql> SHOW GRANTS FOR   'teachers'@'localhost';
+----------------------------------------------------------------------------------+
| Grants for teachers@localhost                                                    |
+----------------------------------------------------------------------------------+
| GRANT USAGE ON *.* TO 'teachers'@'localhost'                                     |
| GRANT SELECT,INSERT,UPDATE ON'school'.'sc' TO 'teachers'@'localhost' WITH GRANT OPTION |
+----------------------------------------------------------------------------------+
```

图 8.23   查看角色 teachers 的权限

四、收回角色的权限

收回角色权限的 SQL 语句格式：

REVOKE 权限 ON 表名 FROM 角色名；

例 8.13   收回角色 teachers 在 SC 表的插入和更新权限。在 MySQL 命令行窗口输入的语句及其执行结果如图 8.24 所示。

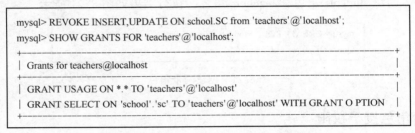

图 8.24   收回角色 teachers 的部分权限

五、给用户赋予角色

给用户赋予角色的语法格式：

GRANT role1 [,role2,…] TO user1 [,user2,…]；

说明：给用户赋予角色，则用户将获得角色的权限。

例 8.14   创建名为 TNO01 的用户，给 TNO01 赋予角色 teachers，查看用户的权限。在 MySQL 命令行窗口输入的 3 条语句及其执行结果如图 8.25 所示。

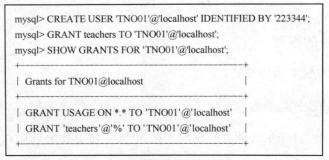

图 8.25   给用户赋予角色

六、撤销用户角色

撤销用户角色的语法格式：

> REVOKE role FROM user;

例如，撤销给用户 TNO01 赋予的 teachers 角色。

> REVOKE teachers FROM TNO01；

七、激活角色

授予角色权限和给用户赋予角色，还需要激活角色才能生效，使用用户真正获得角色的权限。在未激活时，如果将用户赋给某个角色，则会显示 NONE。如图 8.26 所示，在 current_role() 函数返回当前激活的角色。

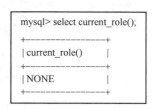

```
mysql> select current_role();
+----------------+
| current_role() |
+----------------+
| NONE           |
+----------------+
```

图 8.26　查询当前
激活的角色

激活角色的方法有多种，下面介绍其中两种。

方式一：使用 SET DEFAULT ROLE 命令激活角色。

例如，激活 teachers 和 students 角色：

> SET DEFAULT ROLE ALL TO 'teachers'@'localhost','students'@'localhost'；

方式二：将 activate_all_roles_on_login 变量设置为 ON，设置角色为开启状态。

> SET GLOBAL activate_all_roles_on_login=ON；

八、删除角色

删除角色的语法格式：

> DROP ROLE role；

如果删除角色，则赋予角色的用户就无法使用角色的权限。

例如，删除角色 teachers：

> DROP ROLE 'teachers'@'localhost'；

第六节　视　　图

视图也是数据库系统实现安全性控制的一种方法。针对不同的用户定义不同的视图，可以限制用户的访问范围。

视图是从一个或多个基本表导出的虚表，它的数据来自于一些基本表，在数据库中只存储有关视图的定义。视图定义之后，DBMS 将自动维护它，当基本表数据发生变化时，视图的数据也会自动地随之变化。用户可以像对基本表一样操作视图。当然，也需要指定用户或用户组对该视图的访问权限。

一、创建视图

MySQL 创建视图的 SQL 语句格式：

> CREATE VIEW <视图名称> [<字段列表>]
> AS <SELECT 查询语句>；

例 8.15 基于客户表创建一个通讯录视图，通过该视图只能查看客户名称、联系人姓名和电话号码。在 MySQL 命令行窗口输入的 SQL 语句及其执行结果如图 8.27 所示。

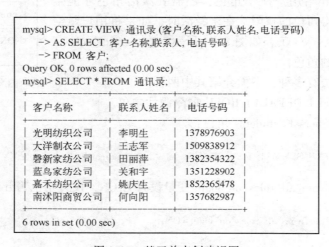

图 8.27　基于单表创建视图

例 8.16 创建一个销售视图：销售（客户名称、订单号、花型、订购数量），该视图涉及客户、订单、订单明细和商品 4 个表的相关信息，即 4 个表的自然连接查询。

在 MySQL 命令行窗口输入的创建视图的语句及其执行结果如图 8.28 所示。

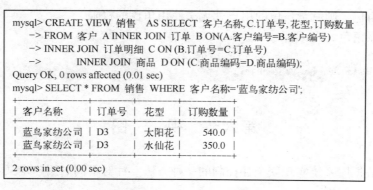

图 8.28　基于多表创建视图

二、更新视图数据

视图的使用方法类似于表的操作。视图也可以像表一样查询、插入、删除和修改数据，二者的区别是表的数据真实存储在数据库中，而视图是一个虚表，只有定义，没有存储的数据。视图是从基本表中引用数据，通过视图也可以插入（INSERT）、更新（UPDATE）和删除（DELETE）表中的数据，其操作结果将转换到基本表中。

但也有不能更新的情况：视图中包含 SUM( )、COUNT( )、MAX( ) 和 MIN( ) 等函数；视图中包含 UNION、UNION ALL、DISTINCT、GROUP BY 和 HAVING 等关键字；包含子查询的视图；其他特殊情况。

三、修改视图

当基本表的某些字段发生变化的时候，需要修改视图来保持与基本表的一致。修改视图的 SQL 语句格式：

> **ALTER VIEW** <视图名称> [<字段列表>]
> **AS** <SELECT 查询语句>;

例 8.17 假设将客户表的电话号码字段名改为手机号，查看对通讯录视图的影响。

1）修改客户表的电话号码字段名为手机号，在 MySQL 命令行窗口输入的语句及其执行结果如图 8.29 所示。

```
mysql> ALTER TABLE 客户 CHANGE COLUMN 电话号码  手机号 VARCHAR(11);
Query OK, 6 rows affected (0.03 sec)
Records: 6   Duplicates: 0   Warnings: 0
```

图 8.29　修改基本表结构

2）查询通讯录视图，因为客户表变动导致该视图无效。在 MySQL 命令行窗口输入的查询语句及其执行结果如图 8.30 所示。

```
mysql> SELECT * FROM 通讯录;
ERROR 1356 (HY000): View 'test_db.通讯录' references invalid table(s) or column(s) or function(s) or definer/invoker of
view lack rights to use them
```

图 8.30　客户表变动导致视图无效

3）修改通讯录视图，再查询通讯录，结果如图 8.31 所示。

四、删除视图

在 MySQL 中，可使用 DROP VIEW 语句来删除视图，但是用户必须拥有 DROP 权限。删除视图的语法格式：

> **DROP VIEW** 视图名 1[,视图名 2];

例如，删除通讯录视图的 SQL 语句：

DROP VIEW 通讯录;

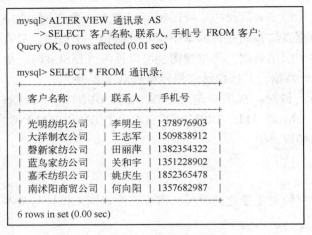

图 8.31　修改视图

本 章 小 结

本章介绍了数据库安全性管理的基本理论、原理和实现技术，以 MySQL 为例讲解了数据库服务器通过权限表控制用户对数据库的访问机制。

权限表是数据库安全性控制的核心，了解权限表的结构就可以清楚 DBMS 对登录用户进行控制的要素。本章介绍了用户权限分级管理体系和角色的概念，结合 MySQL 安全管理的机制，介绍了账户管理的相关操作语句，包括创建用户、删除用户、密码管理。

权限管理是数据库安全控制的主要方面。本章详细介绍了授权（GRANT）与回收（REVOKE）权限语句的应用方法。运用角色是实施授权机制的有效途径，本章介绍了创建角色、给角色授权、给用户赋予角色，以及在对应的操作上撤销用户的角色、收回角色的权限等 SQL 语句。

通过本章的学习，读者可理解实际的 DBMS 是如何实现数据库的安全性控制的。

习　　题

一、简答题

1. 什么是数据库的安全性？

2. 什么是"权限"？用户访问数据库可以有哪些权限？

3. SQL 中的视图机制有哪些优点？

4. MySQL 中用户权限有哪几类？

5. 数据库的安全性与完整性有什么区别？

二、解答题

1. 写出下列问题的 SQL 脚本。

1）创建一个新账户，用户名为 kang，该用户通过本地主机连接数据库，密码为 123456，授予该用户对 COMP_DB 数据库的订单表的 SELECT 和 INSERT 权限，并且授予该用户对订单明细表的 SELECT、INSERT 和 UPDATE 权限。

2）更改 kang 账户的密码为 654321。

3）查看授予用户 kang 的权限。

4）收回用户 kang 的权限。

5）删除账户 kang。

2. 写出下列问题的 SQL 脚本。

1）创建角色 teachers 和 students。

2）授予角色 teachers 查询、插入、更新 SC 表（成绩表）和转授权限。

3）授予角色 students 查询 SC 表的权限。

4）查看角色 teachers 和 students 拥有的权限。

5）创建名为 TNO1 和 SNO1 的新用户。

6）将 TNO1 赋予角色 teachers，SNO1 赋予角色 students。

7）收回角色 teachers 在 SC 表的插入和更新权限。

三、上机实验五

1. 为了深入理解本章介绍的基本概念，将本章的所有例题上机做一遍。为了提高学习效率，可以直接复制源代码并粘贴到命令行中，观察语句功能和执行结果。

2. 体验 MySQL 安全性控制的实现方法，完成下列题目。

1）创建一个 school 数据库，在该数据库中创建 S（SNO，SNAME）、C（CNO，CNAME）和 G（SNO，CNO，GRADE）三个表，表中字段的含义依次为学号、姓名、课程编号、课程名称、学号、课程编号、分数。要求在每一个表中插入几行实验数据。

2）创建一个成绩单视图 SCG（SNO，SNAME，CNAME，GRADE）。

3）创建 Teacher 和 Student 两个角色，授予角色 Teacher 对视图 SCG 的更新和查询权限，授予角色 Student 对视图 SCG 查询的权限，激活角色。

4）创建教师和学生用户，并赋予 Teacher 或 Student 角色。验证用户的权限。

5）创建一个查询视图 SCG 的存储过程，将学号作为参数，查询该学号的分数信息。分别授予角色 Teacher 和 Student 调用存储过程的权限。测试存储过程的正确性。

6）撤销某位学生用户的角色，查看该用户的权限。

7）收回 Teacher 角色对视图 SCG 的更新权限，查询收回权限后的状况。

8）删除创建的用户、角色。

参 考 文 献

［1］ 王珊，萨师煊 . 数据库系统概论［M］. 4 版 . 北京：高等教育出版社，2014.

［2］ 张迎新 . 数据库原理、方法与应用［M］. 北京：高等教育出版社，2004.

［3］ 张迎新 . 数据库及其应用［M］. 北京：机械工业出版社，2016.

［4］ SILBERSCHATZ A，KORTH H F，SUDARSHAN S. 数据库系统概念：第 4 版［M］. 杨冬青，唐世渭，
等译 . 北京：机械工业出版社，2003.

［5］ 孙泽军，刘华贞 . MySQL 8 DBA 基础教程［M］. 北京：清华大学出版社，2020.

［6］ 汪晓青 . MySQL 数据库基础实例教程［M］. 北京：人民邮电出版社，2020.

后　记

　　经全国高等教育自学考试指导委员会同意，由电子、电工与信息类专业委员会负责高等教育自学考试《数据库及其应用》教材的审稿工作。

　　本教材由北京工商大学张迎新教授负责编写。参加审稿并提出修改意见的有北京工商大学王雯教授、西安电子科技大学王小兵教授，谨向他们表示诚挚的谢意。

　　全国考委电子、电工与信息类专业委员会最后审定通过了本教材。

全国高等教育自学考试指导委员会

电子、电工与信息类专业委员会

2023 年 5 月